大学入試

▼

10日
あればいい!

# 短期集中ゼミ

# 数学I+A

福島國光

JN017440

●本書の特色

▶大学入試には，一度は解いておかないと手のつけようがない問題がよく出題されます。このようなタイプの問題 98 題を選びました。
▶各例題の後には，明快な『アドバイス』と，入試に役立つテクニック『これで解決』を掲げました。

※問題文に付記された大学名は，過去に同様の問題が入学試験に出題されたことを参考までに示したものです。

●目次

数学Ⅰ

## 数と式



## 2次関数



## 集合と論証

## CONTENTS

# 1　よくでる因数分解

次の式を因数分解せよ。

(1)　$x^3+2x^2-4x-8$　〈広島工大〉

(2)　$x^2(1-yz)-y^2(1-xz)$　〈名古屋学院大〉

(3)　$6x^2+7xy-5y^2-11x+12y-7$　〈青山学院大〉

(4)　$x^4-8x^2+4$　〈大阪工大〉

**解**

(1)　与式$=x^2(x+2)-4(x+2)$　←かくれた共通因数がでてくるように，項の組合せを考える。

$=(x+2)(x^2-4)$

$=\boldsymbol{(x+2)^2(x-2)}$

(2)　与式$=x^2-x^2yz-y^2+xy^2z$　←一度展開する。

$=(xy^2-x^2y)z+(x^2-y^2)$　←最低次数の文字 $z$ で整理
（文字が２つ以上あるとき，次数の一番低い文字で整理する。）

$=xy(y-x)z+(x+y)(x-y)$

$=\boldsymbol{(x-y)(x+y-xyz)}$

(3)　与式$=6x^2+(7y-11)x-(5y^2-12y+7)$　←$x$ の２次式として整理

$=6x^2+(7y-11)x-(5y-7)(y-1)$　←タスキ掛け

$=\boldsymbol{(2x-y+1)(3x+5y-7)}$

$2 \quad -(y-1) \cdots -3y+3$
$3 \quad (5y-7) \cdots 10y-14$

(4)　与式$=(x^2-2)^2-4x^2$

$=(x^2-2)^2-(2x)^2$　←$A^2-X^2$ の型にする。

$=(x^2-2+2x)(x^2-2-2x)$

$=\boldsymbol{(x^2+2x-2)(x^2-2x-2)}$　←式は形よく整理しておく。

**アドバイス**

- 因数分解では，式の形をみてはじめに“共通因数でくくれるか”“公式にあてはまるか”を考える。
- 次に，“次数の一番低い文字で整理する”，次数が同じならば，“一つの文字について整理する”などが基本的 step である。

因数分解は
(1)　公式にあてはまるか
(2)　かくれた共通因数の発見
(3)　最低次数の文字で整理
(4)　２次式ならタスキ掛け

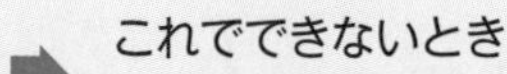

→ これでできないとき $\boldsymbol{A^2-X^2}$ の型を考えよ

**練習１**　次の式を因数分解せよ。

(1)　$x^3+4x^2-4x-16$　〈近畿大〉

(2)　$a^3+a^2-2a-a^2b-ab+2b$　〈福井工大〉

(3)　$(a+b)(b+c)(c+a)+abc$　〈成城大〉

(4)　$x^4-3x^2y^2+y^4$　〈名古屋経大〉

# 2 対称式（$x+y=a$，$xy=b$ のとき）

$x=\dfrac{\sqrt{3}-1}{\sqrt{3}+1}$，$y=\dfrac{\sqrt{3}+1}{\sqrt{3}-1}$ のとき，次の値を求めよ。

(1)　$x^2+y^2$　　　　(2)　$x^3+y^3$　　　　〈大阪産大〉

**解**

$$x=\frac{(\sqrt{3}-1)^2}{(\sqrt{3}+1)(\sqrt{3}-1)}=\frac{4-2\sqrt{3}}{3-1}=2-\sqrt{3}$$

⬅$x$，$y$ を有理化する。

$$y=\frac{(\sqrt{3}+1)^2}{(\sqrt{3}-1)(\sqrt{3}+1)}=\frac{4+2\sqrt{3}}{3-1}=2+\sqrt{3}$$

$x+y=4$，$xy=1$

⬅$x+y$，$xy$ の基本対称式の値を求める。

(1)　$x^2+y^2=(x+y)^2-2xy$

$=4^2-2\cdot1=\mathbf{14}$

(2)　$x^3+y^3=(x+y)^3-3xy(x+y)$

$=4^3-3\cdot1\cdot4=\mathbf{52}$

⬅$x+y$，$xy$ の基本対称式で表す。

**アドバイス**

- $x+y$，$xy$ を $x$，$y$ の基本対称式という。特に次の変形は重要である。

  $\boldsymbol{x^2+y^2=(x+y)^2-2xy}$，$\boldsymbol{x^3+y^3=(x+y)^3-3xy(x+y)}$　（数Ⅱ）

- $x-y$，$\sqrt{x}+\sqrt{y}$ などは平方して

  $\boldsymbol{(x-y)^2=(x+y)^2-4xy}$，$\boldsymbol{(\sqrt{x}+\sqrt{y})^2=x+y+2\sqrt{xy}}$

  として計算する。さらに，3文字 $x$，$y$，$z$ について

  $\boldsymbol{x^2+y^2+z^2=(x+y+z)^2-2(xy+yz+zx)}$

  は覚えておきたい頻出の式変形である。

- $x=\sqrt{a}+\sqrt{b}$，$y=\sqrt{a}-\sqrt{b}$ が与えられているとき，単に代入して計算しようなどと考えるな。工夫もせずそれで簡単に解けるようなら入学試験問題にならない。対称式の計算は和 $x+y$ と積 $xy$ を求めて計算を進めよう。

**これで解決！**

$\left.\begin{array}{l}\boldsymbol{x=\sqrt{a}+\sqrt{b}}\\ \boldsymbol{y=\sqrt{a}-\sqrt{b}}\end{array}\right\}$ のとき ➡ $\boldsymbol{x+y=}$㊗和，$\boldsymbol{xy=}$[積] の基本対称式で計算せよ

**練習2**　(1)　$x=\dfrac{4}{3+\sqrt{5}}$，$y=\dfrac{4}{3-\sqrt{5}}$ のとき，$x^2+y^2$，$x^3+y^3$，$\sqrt{x}-\sqrt{y}$ の値を求めよ。

〈名城大〉

(2)　$x+y=2$，$x^2+y^2=1$ のとき，$xy=$□，$x^3+y^3=$□，$x^5+y^5=$□ である。

〈青山学院大〉

(3)　$a+b+c=2$，$a^2+b^2+c^2=8$，$abc=-3$ を満たすとき，次の値を求めよ。

$ab(a+b)+bc(b+c)+ca(c+a)$

〈福島大〉

# 3 二重根号

次の式を簡単にせよ。

(1) $\sqrt{15+2\sqrt{54}}+\sqrt{15-2\sqrt{54}}$ 〈近畿大〉

(2) $\sqrt{4-\sqrt{15}}$ 〈日本大〉

**解** (1) $\sqrt{15+2\sqrt{54}}+\sqrt{15-2\sqrt{54}}$

$=\sqrt{(9+6)+2\sqrt{9\times6}}+\sqrt{(9+6)-2\sqrt{9\times6}}$

$=(\sqrt{9}+\sqrt{6})+(\sqrt{9}-\sqrt{6})$

$=3+3=\mathbf{6}$

← $\sqrt{15\pm2\sqrt{54}}$
$=\sqrt{\underset{和}{(9+6)}\pm2\sqrt{\underset{積}{9\times6}}}$

(2) $\sqrt{4-\sqrt{15}}=\sqrt{\dfrac{8-2\sqrt{15}}{2}}$

$=\dfrac{\sqrt{8-2\sqrt{15}}}{\sqrt{2}}$

$=\dfrac{\sqrt{5}-\sqrt{3}}{\sqrt{2}}=\dfrac{\sqrt{10}-\sqrt{6}}{2}$

← $\sqrt{○\pm2\sqrt{●}}$ の形にするために，分数にして表す。

← $\sqrt{8-2\sqrt{15}}$
$=\sqrt{\underset{和}{(5+3)}-2\sqrt{\underset{積}{5\times3}}}$

**アドバイス**

◤二重根号をはずすときの注意◢

- (1)では，$\sqrt{15-2\sqrt{54}}$ を $\sqrt{6}-\sqrt{9}$ としないこと。($\sqrt{6}-\sqrt{9}<0$ である。)
  (2)では，$\sqrt{4-\sqrt{15}}$ の $\sqrt{15}$ の前に2がないので，$2\sqrt{15}$ をつくるために分母に2をもってきて，無理に公式が使える $\sqrt{○-2\sqrt{●}}$ の形に変形する。
- この公式は次の式の関係から導かれる。
  $(\sqrt{a}\pm\sqrt{b})^2=a\pm2\sqrt{ab}+b$ ($a>b>0$，複号同順)
  $(\sqrt{a}\pm\sqrt{b})^2=(a+b)\pm2\sqrt{ab}$
  $\sqrt{a}\pm\sqrt{b}=\sqrt{(a+b)\pm2\sqrt{ab}}$
  この左辺と右辺を入れかえて，次の公式が得られる。

**これで解決！**

二重根号 ➡ $\sqrt{\underset{和}{(a+b)}\pm2\sqrt{\underset{積}{ab}}}=\sqrt{a}\pm\sqrt{b}$ ($a>b>0$) (複号同順)

この2が必ずくるように

**練習3** (1) $\sqrt{7+2\sqrt{10}}+\sqrt{13-4\sqrt{10}}$ を簡単にすると □ となる。 〈獨協大〉

(2) $\sqrt{8+\sqrt{15}}+\sqrt{8-\sqrt{15}}$ を簡単にすると □ となる。 〈大阪産大〉

(3) $\sqrt{a+8+6\sqrt{a-1}}-\sqrt{a+8-6\sqrt{a-1}}$ ($a\geqq1$) は $a\geqq$ □ のとき □，$1\leqq a<$ □ のとき □ となる。 〈阪南大〉

# 4 $a+\sqrt{b}$ の整数部分と小数部分

$\dfrac{2}{\sqrt{6}-2}$ の整数部分を $a$，小数部分を $b$ とするとき，$a^2+4ab+4b^2$ の値を求めよ。 〈北海学園大〉

**解**

$$\frac{2}{\sqrt{6}-2}=\frac{2(\sqrt{6}+2)}{(\sqrt{6}-2)(\sqrt{6}+2)}$$

$$=\frac{2(\sqrt{6}+2)}{2}=2+\sqrt{6}$$

⬅有理化する。

$2<\sqrt{6}<3$ だから　$4<2+\sqrt{6}<5$

⬅$\sqrt{6}$ を自然数で挟む。$\sqrt{4}<\sqrt{6}<\sqrt{9}$ より $2<\sqrt{6}<3$

よって，整数部分は　$a=4$

小数部分は　$b=2+\sqrt{6}-4$

$=\sqrt{6}-2$

⬅小数部分は整数部分を引いたもの。

$a^2+4ab+4b^2=(a+2b)^2$

$=(4+2\sqrt{6}-4)^2$

$=$**24**

**アドバイス**

- $a+\sqrt{b}$ の整数部分と小数部分に関する問題では，まず $\sqrt{b}$ を連続する自然数 $n$ と $n+1$ で挟む。それから小数部分は $a+\sqrt{b}$ の整数部分を求めて引けばよい。
- 不等式で小数部分を求めるとき，注意をしなければならないことがある。
  例えば，$4\sqrt{3}$ の小数部分を求めるとき，
  $1<\sqrt{3}<2$ の各辺を 4 倍して　$4<4\sqrt{3}<8$
  これでは，$4\sqrt{3}$ の整数部分が 4，5，6，7 のどれかわからない。
  一度 $\sqrt{\ }$ の中に入れる。
  $4\sqrt{3}=\sqrt{48} \longrightarrow \sqrt{36}<\sqrt{48}<\sqrt{49} \longrightarrow 6<\sqrt{48}<7$
  とすれば，整数部分は 6 であることがわかる。

**これで解決！**

$a+\sqrt{b}$ の整数部分 小数部分 ➡
- $\sqrt{b}$ を自然数 $n$ と $n+1$ で挟み込む
  $n<\sqrt{b}<n+1$
- 各辺に $a$ を加えて
  $a+n<a+\sqrt{b}<a+(n+1)$

➡ 整数部分 $a+n$
小数部分 $a+\sqrt{b}-$(整数部分)

**練習4** $\dfrac{1}{4-\sqrt{15}}$ の整数部分を $a$，小数部分を $b$ とする。このとき，$a=$____，$a^2-b(b+6)=$____ である。 〈甲南大〉

## 5　$x=a\pm\sqrt{b}$ のときの式の値

$x=1+\sqrt{3}$ のとき，$x^3-x^2-4x+7$ の値を求めよ。　〈創価大〉

**解**

$x-1=\sqrt{3}$ として両辺を 2 乗する。

$x^2-2x+1=3$　より　$x^2-2x-2=0$

$x^3-x^2-4x+7 \longleftarrow x^3=2x^2+2x$ を代入

$=(2x^2+2x)-x^2-4x+7$

$=x^2-2x+7 \quad \longleftarrow x^2=2x+2$ を代入

$=(2x+2)-2x+7=\mathbf{9}$

⬅$x^2-2x-2=0$ より
$x^2=2x+2$
$x^3=2x^2+2x$
この関係式を使って次数を下げる。

**別解**

右の割り算より

$x^3-x^2-4x+7$

$=(x^2-2x-2)(x+1)+9$

$x=1+\sqrt{3}$ を代入すると

$x^2-2x-2=0$　だから

$x^3-x^2-4x+7=0\cdot(x+1)+9=\mathbf{9}$

$$
\begin{array}{r@{\,}l}
 & x+1 \\
x^2-2x-2\,\big) & x^3-x^2-4x+7 \\
 & x^3-2x^2-2x \\ \hline
 & x^2-2x+7 \\
 & x^2-2x-2 \\ \hline
 & 9
\end{array}
$$

**アドバイス**

- $x=a+\sqrt{b}$ のとき，$x$ の整式 $P(x)$ の値を求めるのに直接代入しても求められるが，それでは策がない。そこで，$x=a+\sqrt{b}$ を次のように変形して利用する。
- $\sqrt{\quad}$ の部分だけを右辺に残して，次のように両辺を 2 乗する。
  $(x-a)^2=(\sqrt{b})^2$ より　$x^2-2ax+a^2-b=0$ ……①
- 解 は①を $x^2=2ax-a^2+b$ として，
  順次次数を下げていく方法。
  別解 は右のように，①の式で，値を求める整式 $P(x)$ を割り，
  $P(x)=(①)Q(x)+mx+n$
  として，値を求める方法。（整式の割り算は数学Ⅱ）

$$
\begin{array}{r@{\,}l}
 & Q(x) \\
(①)\,\big) & P(x) \\
 & \ddots \\ \hline
 & mx+n
\end{array}
$$

**これで解決！**

$x=a\pm\sqrt{b}$ のとき
整式 $P(x)$ の値は ➡
- $(x-a)^2=(\pm\sqrt{b})^2$ より　$x^2-2ax+a^2-b=0$
- $x^2-2ax+a^2-b=0$ を利用して次数を下げる
- 割り算（数Ⅱ）をして
  $P(x)=(x^2-2ax+a^2-b)Q(x)+mx+n$
  と変形する

**練習5**　$x=\sqrt{2}-1$ のとき，$x^2+2x-1=$［　　］であり，$x^4+2x^3-x^2+5x+5=$［　　］である。　〈摂南大〉

# 6 $\sqrt{a^2}=|a|$

$x$が実数のとき，$\sqrt{(x-1)^2}+\sqrt{(x+1)^2}$ を簡単にせよ。〈福岡教育大〉

**解**

$$\sqrt{(x-1)^2}+\sqrt{(x+1)^2}=|x-1|+|x+1|$$

⬅$\sqrt{a^2}=|a|$

$$|x-1|=\begin{cases} x-1 & (x\geqq 1) \\ -(x-1) & (x<1) \end{cases}$$

$$|x+1|=\begin{cases} x+1 & (x\geqq -1) \\ -(x+1) & (x<-1) \end{cases}$$

**絶対値**

$$|a|=\begin{cases} a & (a\geqq 0) \\ -a & (a<0) \end{cases}$$

(i) $x\geqq 1$ のとき

与式$=|x-1|+|x+1|$

$=(x-1)+(x+1)=2x$

⬅絶対値$=0$ となるときの値が場合分けの分岐点。

(ii) $-1\leqq x<1$ のとき

与式$=|x-1|+|x+1|$

$=-(x-1)+(x+1)=2$

$x<-1$　$-1\leqq x<1$　$1\leqq x$

(iii)　(ii)　(i)

$-1$　$1$　$x$

(iii) $x<-1$ のとき

与式$=|x-1|+|x+1|$

$=-(x-1)-(x+1)=-2x$

よって，与式$=\begin{cases} x\geqq 1 \text{ のとき} & 2x \\ -1\leqq x<1 \text{ のとき} & 2 \\ x<-1 \text{ のとき} & -2x \end{cases}$

⬅答えはまとめてかいておく。

**アドバイス**

◤$\sqrt{a^2}=|a|$ とする理由◢

- $\sqrt{(x-1)^2}=x-1$ となんの疑いもなく $\sqrt{\ \ }$ をはずす人が多い。
  $\sqrt{5^2}=5$，$\sqrt{(-5)^2}=5$ からもわかるように，$\sqrt{(\ \ )^2}$ は（　）内の正，負にかかわらず，$\sqrt{\ \ }$ をはずしたときに負になることはない。したがって，絶対値記号をつけて $\sqrt{(x-1)^2}=|x-1|$，$\sqrt{(x+1)^2}=|x+1|$ とする。
- 絶対値記号をはずす場合，等号 $=$ は全部につけておいても間違いではないが，$x\geqq 1$ のように大きい方を示す方につけるのが一般的である。

**これで解決！**

$$\sqrt{(x-a)^2}=|x-a|=\begin{cases} x-a & (x\geqq a) \\ -(x-a) & (x<a) \end{cases}$$

**練習6** (1) $\sqrt{9x^2+36x+36}-\sqrt{4x^2-8x+4}$ を簡単な形に整理すると，$x<-5$ の場合は［　　］，$|x|<1$ の場合は［　　］になる。〈愛知大〉

(2) $x=\dfrac{1+a^2}{2a}$ ($0<a\leqq 1$，$a$ は実数) のとき，$a(\sqrt{x+1}+\sqrt{x-1})$ の値を求めよ。

〈自治医大〉

## 7　放物線の平行・対称移動

放物線 $y=x^2-2x+2$ を $x$ 軸方向に 2，$y$ 軸方向に $-2$ 平行移動し，さらに原点に関して対称移動した放物線の式を求めよ。〈天理大〉

**解**　$y=(x-1)^2+1$ より，頂点は　(1，1)
$x$ 軸方向に 2，$y$ 軸方向に $-2$ の平行移動で
頂点は (1，1) → (3，−1) に移る。
原点に関しての対称移動で，$x^2$ の係数が $-1$ になり，頂点は (3，−1) → (−3，1) に移る。
よって，$\boldsymbol{y=-(x+3)^2+1}$

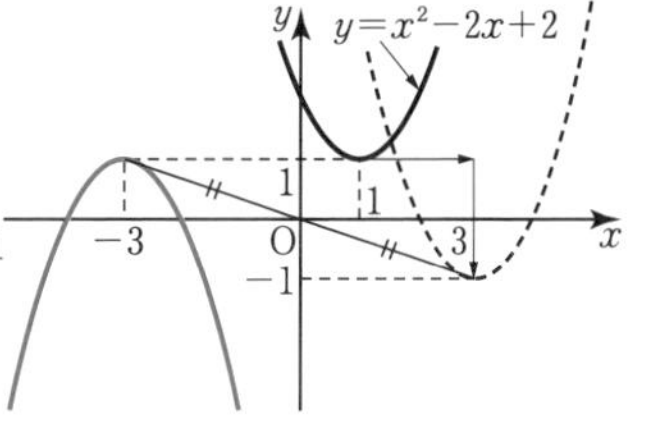


**アドバイス**

- 放物線の移動は，グラフの概形をかき，頂点に注目して移動させるのがわかりやすい。ただし，グラフが上下逆転するときは，$x^2$ の係数の符号が変わる。

**これで解決！**
放物線（2次関数）の移動 ➡ 頂点の動きで考える，上下逆転に注意！

**練習7**　放物線 $y=-2x^2+4x-4$ を $x$ 軸に関して対称移動し，さらに $x$ 軸方向に 8，$y$ 軸方向に 4 だけ平行移動して得られる放物線の方程式は □ である。〈慶応大〉

## 8　頂点が直線上にある放物線

放物線 $y=2x^2$ を平行移動したもので，点 (1，3) を通り，頂点が直線 $y=2x-3$ 上にある放物線の方程式を求めよ。〈兵庫医大〉

**解**　頂点を $(t,\ 2t-3)$ とおくと
$y=2(x-t)^2+2t-3$ と表せる。
点 (1，3) を通るから $3=2(1-t)^2+2t-3$，
$(t-2)(t+1)=0$　より　$t=2,\ -1$
よって，$\boldsymbol{y=2(x-2)^2+1,\ y=2(x+1)^2-5}$

⬅ $y=2x-3$ 上の点は $(t,\ 2t-3)$ とおける。

**アドバイス**

- 直線 $y=mx+n$ 上の点は $(t,\ mt+n)$ と表せる。放物線の頂点や，円の中心が直線上にあるとき，その他一般的に利用頻度は高いので使えるようにしておきたい。

**これで解決！**
直線 $y=mx+n$ 上の点は ➡ $(t,\ mt+n)$ とおく

**練習8**　$x^2$ の係数が 2 である放物線のうち，点 (3，5) を通り，頂点が直線 $y=2x-5$ 上にあるものの方程式を求めよ。〈立命館大〉

# 9 最大・最小と2次関数の決定

グラフが点 $(4,\ -4)$ を通り，$x=2$ のとき最大値 8 をとる 2 次関数は，$y=$□ である。〈摂南大〉

解　$x=2$ で最大値 8 をとるから

$y=a(x-2)^2+8\ (a<0)$ とおける。

点 $(4,\ -4)$ を通るから

$-4=4a+8$　より　$a=-3$（$a<0$ を満たす。）

よって，$y=-3(x-2)^2+8$

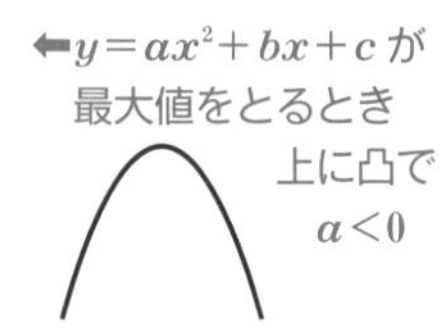


**アドバイス**

- 2 次関数 $y=ax^2+bx+c$ の $a$，$b$，$c$ の決定には 3 つの条件が必要になるが，最大値や最小値などの頂点に関する条件が与えられたときは，次の形で求めていく。

**これで解決！**

2 次関数の決定：頂点が関係したら ➡ $y=a(x-p)^2+q$ とおく

**練習9**　2 次関数 $y=ax^2+bx+c$ は，$x=-1$ で最大値 4 をとり，グラフが点 $(1,\ 0)$ を通るとき，$a$，$b$，$c$ の値を求めよ。〈大阪産大〉

# 10 定義域と2次関数の決定

2 次関数 $y=ax^2-8ax+b\ (2\leqq x\leqq 5)$ の最大値が 6 で，最小値が $-2$ である。このとき，定数 $a\ (a>0)$，$b$ を求めよ。〈名城大〉

解　$y=a(x-4)^2-16a+b$ と変形する。

グラフを考えると，右図のようになるから

最大値は $x=2$ のとき　$-12a+b=6$　……①

最小値は $x=4$ のとき　$-16a+b=-2$……②

①，②から　$a=2$，$b=30$

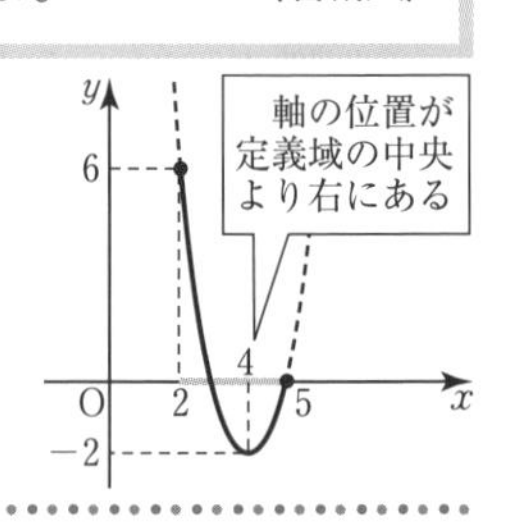


**アドバイス**

- 2 次関数は定義域の端で最大値または最小値をとる。これはグラフの軸が定義域の中央より“右寄り”か“左寄り”かによって決まる。

**これで解決！**

定義域があるときの最大・最小 ➡ グラフの軸の位置を確認！

**練習10**　2 次関数 $f(x)=ax^2-2ax+b$ の $-1\leqq x\leqq 2$ における最大値が 3，最小値が $-5$ となるような $f(x)$ は 2 つ存在する。この $f(x)$ を求めよ。〈福島大〉

# 11 グラフの軸が動く場合の最大・最小

$-1 \leqq x \leqq 1$ における関数 $f(x)=x^2-2ax+a^2+1$ の最大値 $M$ と最小値 $m$ を求めよ。〈京都産大〉

**解**　$y=f(x)=(x-a)^2+1$ と変形する。

このグラフは，軸 $x=a$ の値によって，次のように分類される。

(i)　$a<-1$　(ii)　$-1 \leqq a<0$　(iii)　$a=0$　(iv)　$0<a \leqq 1$　(v)　$1<a$

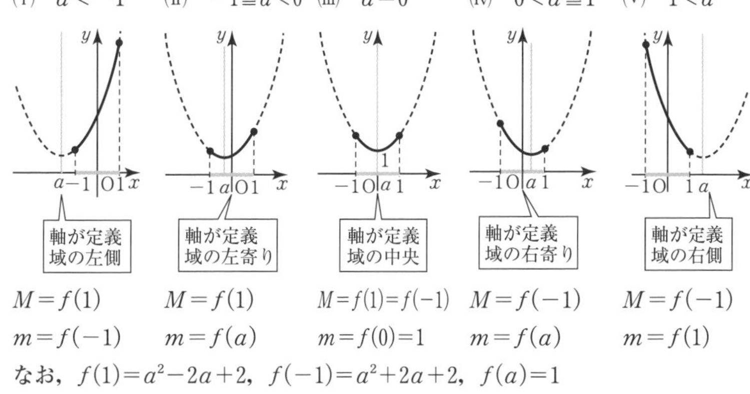


| (i) | (ii) | (iii) | (iv) | (v) |
|---|---|---|---|---|
| $M=f(1)$ | $M=f(1)$ | $M=f(1)=f(-1)$ | $M=f(-1)$ | $M=f(-1)$ |
| $m=f(-1)$ | $m=f(a)$ | $m=f(0)=1$ | $m=f(a)$ | $m=f(1)$ |

なお，$f(1)=a^2-2a+2$，$f(-1)=a^2+2a+2$，$f(a)=1$

以上より，

$$\begin{cases} a<-1 \text{ のとき} & M=a^2-2a+2\ (x=1), & m=a^2+2a+2\ (x=-1) \\ -1 \leqq a<0 \text{ のとき} & M=a^2-2a+2\ (x=1), & m=1\ (x=a) \\ a=0 \text{ のとき} & M=2\ (x=1,\ -1), & m=1\ (x=0) \\ 0<a \leqq 1 \text{ のとき} & M=a^2+2a+2\ (x=-1), & m=1\ (x=a) \\ 1<a \text{ のとき} & M=a^2+2a+2\ (x=-1), & m=a^2-2a+2\ (x=1) \end{cases}$$

**アドバイス**

- 定義域が決まっていてグラフが動くような場合は，まず軸が定義域の内にあるか，外にあるかで分類するとわかりやすい。
- 軸が定義域内にあるときは，(ii)，(iii)，(iv)からもわかるように，右寄りか，左寄りかで最大値が異なるので，そこで場合分けをする。(最小値だけならこの必要はない)
- 座標軸と動かない定義域をまずかいて，その上で動くグラフを左から右に動かして考えるとよい。

**これで解決！**

2次関数の最大・最小
グラフの軸が動くとき  {軸が / 定義域} の “内か” “外か” で，まず分けよ
“右寄り” “左寄り” にも注意

**練習11**　関数 $y=2x^2-4ax+a$ $(0 \leqq x \leqq 2)$ における最小値が $-1$ であるような定数 $a$ の値を求めよ。〈高知工科大〉

# 12 定義域が動く場合の最大・最小

関数 $f(x)=x^2-4x+5$ において，$t \leqq x \leqq t+1$ における $f(x)$ の最小値を $m(t)$ とするとき，$m(t)$ を求めよ。〈東京薬大〉

**解** $y=(x-2)^2+1$ と変形する。

$t$ の値によって定義域が変わるから，最小値は次の 3 通りに分類できる。

(i) $t+1<2$ すなわち $t<1$ のとき

(ii) $t \leqq 2 \leqq t+1$ すなわち 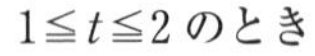 $1 \leqq t \leqq 2$ のとき

(iii) $2<t$ のとき

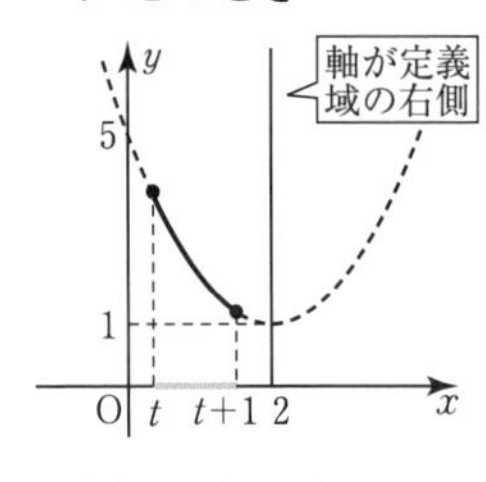


$m(t)=f(t+1)$
$=t^2-2t+2$

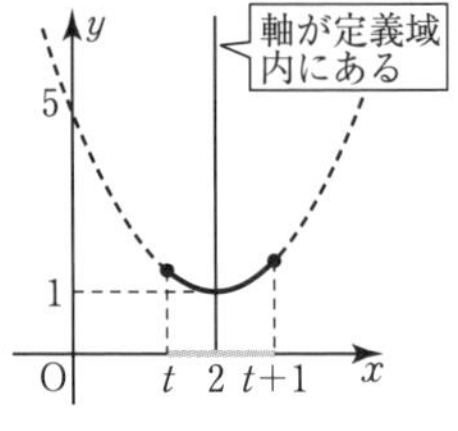


$m(t)=f(2)=1$

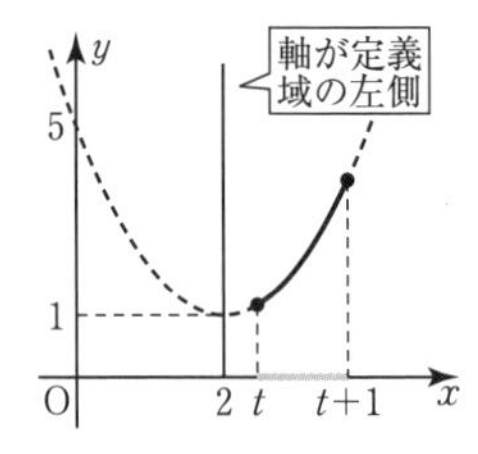


$m(t)=f(t)$
$=t^2-4t+5$

よって，(i)，(ii)，(iii)より $\boldsymbol{m(t)=\begin{cases} t^2-2t+2 & (t<1) \\ 1 & (1 \leqq t \leqq 2) \\ t^2-4t+5 & (2<t) \end{cases}}$

**アドバイス**

- この問題では，グラフは動かないが，定義域が $t \leqq x \leqq t+1$ なので $t$ の値によって，定義域が動く。しかも，$t$ のどんな値に対しても定義域の区間の幅が 1 であることがポイントになる。
- したがって，まずグラフを大きくかき，$x$ 軸上で幅 1 の区間をスライドさせながら，場合分けをする $t$ の値を考える。
- 場合分けは前ページのように，グラフの軸が“定義域の内か外か”や“定義域内の右寄りか左寄りか”で判断する。

関数 $f(x)$ で定義域が $t \leqq x \leqq t+1$ のとき 

- $t$ の値で定義域（区間の幅はいつも 1）が動くから $t$ の値で場合分け
- グラフの軸と定義域の位置関係を，区間をスライドさせて考える

**練習12** 関数 $f(x)=x^2-2x$ において，$t-1 \leqq x \leqq t+2$ における最小値を $m(t)$ で表す。

(1) $m(t)$ を求めよ。　(2) $y=m(t)$ のグラフをかけ。

〈兵庫県立大〉

# 13 条件式があるときの最大・最小

(1)　$x$, $y$ が実数で, $x+y=3$ のとき, $x^2+y^2$ は $x=$ ☐, $y=$ ☐ で最小値 ☐ をとる。〈立教大〉

(2)　$x$, $y$ が実数で, $x^2+2y^2=1$ を満たすとき, $z=x+3y^2$ の最大値は ☐, 最小値は ☐ である。〈摂南大〉

**解**　(1)　$z=x^2+y^2$ として, $y=3-x$ を代入する。

⬅$x+y=3$ だけの条件だから $x$ はすべての値をとる。

$$z=x^2+(3-x)^2=2x^2-6x+9$$
$$=2\left(x-\frac{3}{2}\right)^2+\frac{9}{2}$$

よって, $\boldsymbol{x=\frac{3}{2}}$, このとき $\boldsymbol{y=\frac{3}{2}}$ で最小値 $\boldsymbol{\frac{9}{2}}$

(2)　$2y^2=1-x^2\geqq 0$　より, $-1\leqq x\leqq 1$

⬅$x^2+2y^2=1$ の条件から $x$ の範囲が押さえられる。この定義域の決定が重要。

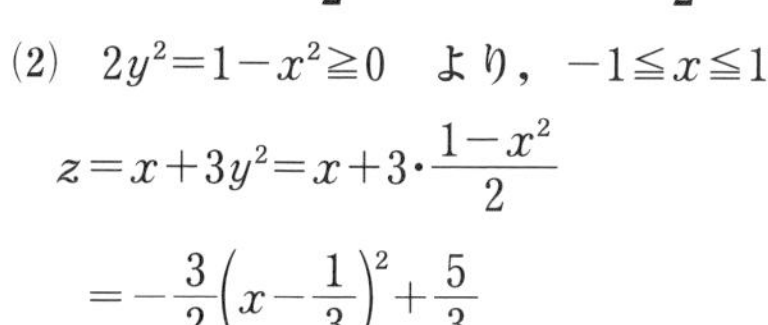

$$z=x+3y^2=x+3\cdot\frac{1-x^2}{2}$$
$$=-\frac{3}{2}\left(x-\frac{1}{3}\right)^2+\frac{5}{3}$$

右のグラフより,

最大値 $\boldsymbol{\frac{5}{3}}$　$\left(x=\frac{1}{3},\ y=\pm\frac{2}{3}\right)$

最小値 $\boldsymbol{-1}$　$(x=-1,\ y=0)$

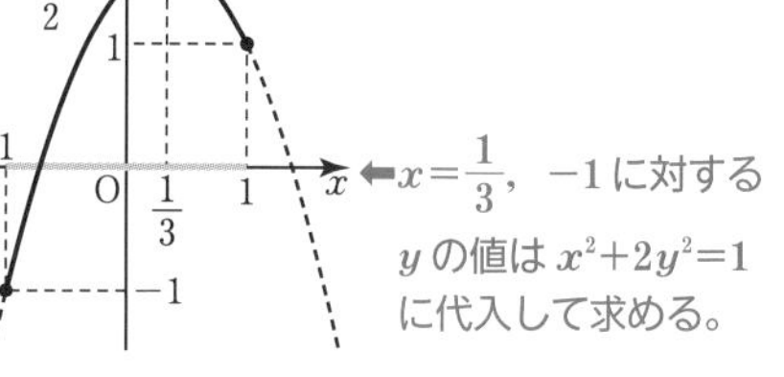


⬅$x=\frac{1}{3}$, $-1$ に対する $y$ の値は $x^2+2y^2=1$ に代入して求める。

**アドバイス**

- 条件がある最大, 最小の問題では, 条件式より 1 文字消して, 1 変数の関数にするのが基本である。
- また, (1)と(2)の決定的な違いは, 定義域である。
  (1)の $x+y=3$ の条件では, $x$ の定義域はすべての実数である。
  一方, (2)の $x^2+2y^2=1$ では, $2y^2=1-x^2\geqq 0$ から, $x$ の範囲に $-1\leqq x\leqq 1$ の制限がでてくる。
- この他にも, 例えば, $x^2+y^2=4$ のとき, $y^2=4-x^2\geqq 0$ から $-2\leqq x\leqq 2$ となる。

**これで解決!**

条件式がある最大・最小  ・条件式より 1 文字消去が基本（1 変数の関数で）
・条件式の中に定義域がかくれているから要注意！

**練習13**　(1)　$x$, $y$ が実数で, $2x+y=6$ のとき, $xy$ は, $x=$ ☐, $y=$ ☐ のとき, 最大値 ☐ をとる。〈玉川大〉

(2)　$x$, $y$ は $x^2+3y^2=1$ を満たす。このとき, $\frac{1}{3}x+y^2$ の最大値と最小値を求めよ。また, そのときの $x$, $y$ の値を求めよ。〈静岡文化芸術大〉

## 14 2変数の2次関数の最小値

$x^2-2xy+2y^2+4x-2y+6$（$x$，$y$ は実数）の最小値を求めよ。〈摂南大〉

**解**

与式 $=x^2-(2y-4)x+2y^2-2y+6$ ⬅$x$ の2次関数とみて，平方完成。

$=\{x-(y-2)\}^2-(y-2)^2+2y^2-2y+6$

$=(x-y+2)^2+\underline{y^2+2y+2}$ ⬅〰〰部分を $y$ について平方完成。

$=(x-y+2)^2+(y+1)^2+1$ ⬅両方の（　）$^2$ の中が0のとき，最小値となる。

よって，$x-y+2=0$ かつ $y+1=0$

すなわち $x=-3$，$y=-1$ のとき，最小値1

**アドバイス**

- 変数が2つ以上あるときの2次関数は，1つの文字の2次関数とみて（　）$^2$ をつくる。次に残りの文字についても同様に（　）$^2$ をつくる。

**これで解決！**

変数が2つ以上ある2次関数の最小値 ➡ ($x$ について)$^2$+($y$ について)$^2$+$m$

└1つの文字の2次関数とみる └最小値

**練習14** $x^2-4xy+5y^2+6x-14y+15$（$x$，$y$ は実数）の最小値を求めよ。〈自治医大〉

## 15 $y=a(f(x))^2+b(f(x))+c$ の最大・最小

$y=(x^2+2x)^2+4(x^2+2x)-5$ の最小値は □ である。〈青山学院大〉

**解**

$x^2+2x=t$ とおくと，$t=(x+1)^2-1$

$(x+1)^2 \geqq 0$ だから　$t \geqq -1$ ⬅$t$ の範囲を押さえる。

与式を $y=t^2+4t-5$

$=(t+2)^2-9$ と変形して

$t \geqq -1$ の範囲でグラフをかく。（右図）

よって，$t=-1$ のとき，最小値 $-8$

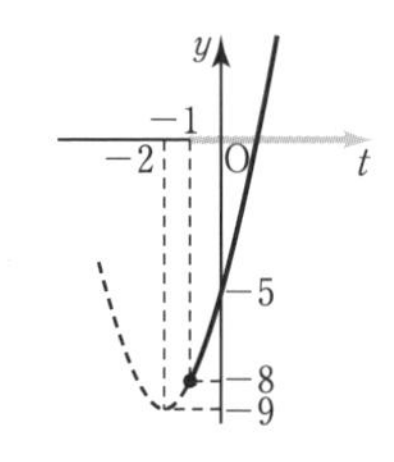


**アドバイス**

- $y=a(f(x))^2+b(f(x))+c$ を $f(x)=t$ とおいて，2次関数 $y=at^2+bt+c$ で考えることがよくある。おきかえることはやさしいが，$t$ の定義域を忘れてはいけない。

**これで解決！**

$y=a(f(x))^2+b(f(x))+c$ の最大・最小は ➡ $f(x)=t$ とおいて，$y=at^2+bt+c$ で このとき，$t$ の定義域を忘れるな！

**練習15** $f(x)=(x^2-2x)^2+6(x^2-2x)$ の最小値は □ である。〈北海道工大〉

## 16 実数条件 $D \geqq 0$ からとりうる値の範囲を求める

(1) 実数 $x$, $y$ が $x^2-2xy+2y^2=2$ を満たすとき，$x$ のとりうる値の範囲を求めよ。〈名古屋学院大〉

(2) $a$, $b$ が実数で $a^2+b^2=3$ であるとき，$a+2b$ のとりうる値の範囲を求めよ。〈法政大〉

**解**

(1) $2y^2-2xy+x^2-2=0$ とすると，
$y$ は実数だから，

$\dfrac{D}{4}=x^2-2(x^2-2) \geqq 0$　より　$x^2-4 \leqq 0$

よって，$\boldsymbol{-2 \leqq x \leqq 2}$

⬅$y$ についての2次方程式と考えて，実数解をもつ条件をとる。

(2) $a+2b=k$ とおき，$a=k-2b$ として
$a^2+b^2=3$ に代入する。

$(k-2b)^2+b^2=3$　より

$5b^2-4kb+k^2-3=0$　$b$ は実数だから

$\dfrac{D}{4}=(2k)^2-5(k^2-3) \geqq 0$

$k^2-15 \leqq 0$　より　$-\sqrt{15} \leqq k \leqq \sqrt{15}$

よって，$\boldsymbol{-\sqrt{15} \leqq a+2b \leqq \sqrt{15}}$

⬅$b$ についての2次方程式と考えて，実数解をもつ条件をとる。

**アドバイス**

◤実数条件ととりうる値の範囲◢

- 文字が実数であるとき，2次方程式の形になっている式では，実数解をもつ条件 $D \geqq 0$ がいつでも関わってくる。すなわち“$D \geqq 0$”を利用して，2次方程式の係数にあたる文字や式のとりうる値の範囲を求めることは少なくない。
- (2次方程式)→ 実数(実数解)条件 → $\boldsymbol{D \geqq 0}$
から，$D \geqq 0$ をとることは様々な場面で使われるから覚えておこう。

**これで解決！**

条件式が2次方程式の形

とりうる値の範囲は ➡
- 1つの文字の2次方程式とみて
- $\boldsymbol{ax+by}$ は $\boldsymbol{ax+by=k}$ とおき $\boldsymbol{x}$ または $\boldsymbol{y}$ の2次方程式にして

➡ $\boldsymbol{D \geqq 0}$ を利用

**練習16** (1) 実数 $x$, $y$ が $x^2-xy+y^2-y-1=0$ を満たすとき，$y$ の最大値は［　　］，最小値は［　　］である。〈愛知工大〉

(2) $x$, $y$ は実数で $x^2-xy+y^2=1$ のとき $x+y$ のとりうる値の範囲を求めよ。〈岡山県立大〉

# 17 共通解の問題

2つの方程式 $3x^2+kx+9=0$, $x^2+x+k=0$ がただ1つの共通な実数解をもつように，定数 $k$ の値を定めよ。 〈酪農学園大〉

**解** 共通解を $x=\alpha$ とおくと ⬅$x=\alpha$ を方程式に代入する。

$3\alpha^2+k\alpha+9=0$ ……①

$\alpha^2+\alpha+k=0$ ……② ⬅$\alpha$ と $k$ の連立方程式と考える。

①−②×3 より

$k\alpha-3\alpha+9-3k=0$ ⬅$\alpha^2$ を消去した。

$\alpha(k-3)-3(k-3)=0$

$(k-3)(\alpha-3)=0$

ゆえに，$k=3$ または $\alpha=3$

$k=3$ のとき

方程式は $3x^2+3x+9=0$, $x^2+x+3=0$ ⬅$k=3$ を方程式に代入する。

となり，どちらも実数解をもたないから不適。

$\alpha=3$ のとき

②に代入して，$9+3+k=0$ より $k=-12$

このとき，2つの方程式は

$3x^2-12x+9=0$ より $(x-1)(x-3)=0$

$x^2+x-12=0$ より $(x+4)(x-3)=0$

⬅実際に解を求めると，2つの解が明らかになる。

となり $x=3$ を解にもつから適する。

よって，$\boldsymbol{k=-12}$

**アドバイス**

- 共通解の問題では，共通解を $x=\alpha$ として，2つの方程式に代入する。その2つの方程式を連立方程式とみて，解を求めればよい。
- ただし，共通な解も1つのときと2つのときがあるから，解答のように実際に方程式を解いて解を求めてしまうと迷いがない。

**これで解決！**

共通解の問題 ➡ 共通解を $x=\alpha$ とおいて方程式に代入
連立方程式として解く

**練習17** 2つの2次方程式 $x^2-3x+k-1=0$, $x^2+(k-2)x-2=0$ が，共通の解をただ1つもつとする。このとき，$k$ の値は □ であり，その共通解は □ である。 〈甲南大〉

# 18 文字係数の方程式

連立方程式 $\begin{cases}(a-1)x+y=1 & \cdots\cdots① \\ (a+3)x+ay=-1 & \cdots\cdots②\end{cases}$ を解け。(ただし，$a$ は定数)

〈関西大〉

**解**

①×$a$−②　より

$(a^2-2a-3)x=a+1$

$(a+1)(a-3)x=a+1$　……③

⬅ $\begin{array}{rr} & a(a-1)x+ay=a \\ -) & (a+3)x+ay=-1 \\ \hline & (a^2-2a-3)x \quad =a+1\end{array}$

(i)　$a\neq-1,\ 3$　のとき

$x=\dfrac{1}{a-3}$　　このとき，$y=-\dfrac{2}{a-3}$

⬅ $x$ の係数が 0 でないから，普通に割り算ができる。

(ii)　$a=-1$　のとき

③より $0\cdot x=0$ だから，解はすべての実数で，$-2x+y=1$　を満たす $(x,\ y)$ の組

⬅ $a=-1$ のとき，①，②とも $-2x+y=1$ となる。

(iii)　$a=3$　のとき

③より $0\cdot x=4$ だから，解はない。

⬅ $a=3$ のとき

$\begin{cases}2x+y=1 & \cdots\cdots① \\ 6x+3y=-1 & \cdots\cdots②\end{cases}$

となり①，②は同時に成り立たない。

(i)，(ii)，(iii)より

$\begin{cases}\boldsymbol{a\neq-1,\ 3}\ \textbf{のとき} & \boldsymbol{x=\dfrac{1}{a-3},\ y=-\dfrac{2}{a-3}} \\ \boldsymbol{a=-1}\ \textbf{のとき} & \boldsymbol{-2x+y=1}\ \textbf{を満たす}\ \boldsymbol{(x,\ y)}\ \textbf{の組} \\ \boldsymbol{a=3}\ \textbf{のとき} & \textbf{解はない}\end{cases}$

**アドバイス**

◤係数に文字がある方程式◢

- 係数に文字を含む方程式では，係数が 0 になるときに注意しよう。
  $(a+1)(a-3)x=a+1$ は，$x$ の係数が 0 にならなければ普通に割り算ができる。
- 係数が 0 になるときは，分母=0 となって割れない。そのときは 0 になる値を代入して，左右の式を比べれば次の判断がつく。
  $0\cdot x=0$ のとき　“解は無数にある”
  $0\cdot x=b\ (b\neq0)$ のとき　“解はない”

**これで解決！**

文字係数の方程式 $ax=b$ は ➡ $\begin{cases}\text{係数 } a\neq0 \\ \text{係数 } a=0\end{cases}$ で場合分け

**練習18**　$a$ を実数の定数として，次の連立方程式を解け。

$\begin{cases}ax+2y=a \\ x+(a+1)y=a+3\end{cases}$

〈西南学院大〉

## 19 1次式の積に因数分解

$x^2-2y^2+xy+kx+2y+4$ が，$x$，$y$ についての2つの1次式の積に分解されるとき，$k$ の値は □ である。〈岐阜薬大〉

**解** (与式)$=x^2+(y+k)x-2(y^2-y-2)=0$ として，$x$ についての判別式 $D_1$ をとる。 ⬅$x$ の2次方程式とみる。

$$D_1=(y+k)^2+8(y^2-y-2)$$
$$=9y^2+2(k-4)y+(k^2-16)$$

⬅$x$ の実数条件をとる。

$D_1=9y^2+2(k-4)y+(k^2-16)=0$ として， ⬅$y$ の2次方程式とみる。

判別式 $D_2$ をとり，$D_2=0$ とする。

$$\frac{D_2}{4}=(k-4)^2-9(k^2-16)=0$$

⬅$y$ の2次方程式が重解をもつ条件をとる。

$$k^2+k-20=0,\ (k-4)(k+5)=0$$

よって，$\boldsymbol{k=4,\ -5}$

(参考) このとき，与式は次のように因数分解される。

$k=4$ のとき　(与式)$=(x-y+2)(x+2y+2)$

$k=-5$ のとき　(与式)$=(x-y-1)(x+2y-4)$

**アドバイス**

- $x$，$y$ についての1次式の積とは $\underbrace{(ax+by+c)}_{1次式}\underbrace{(a'x+b'y+c')}_{1次式}=0$ の形をいう。
- $x^2+(y+k)x-2(y^2-y-2)=0$ の2つの解は

$$x=\frac{-(y+k)\pm\sqrt{9y^2+2(k-4)y+(k^2-16)}}{2} \leftarrow D_1 = \frac{-(y+k)\pm\sqrt{D_1}}{2}$$

だから，与式は次のように因数分解される。

$$x^2+(y+k)x-2(y^2-y-2)=\left(x-\frac{-(y+k)+\sqrt{D_1}}{2}\right)\left(x-\frac{-(y+k)-\sqrt{D_1}}{2}\right)$$

- ここで，1次式の積の形にするには，$\sqrt{D_1}$ の $\sqrt{\ }$ があっては，1次式にならない。$\sqrt{\ }$ をはずすには，$D_1=9y^2+2(k-4)y+(k^2-16)=(ay+b)^2$ の形にすれば $\sqrt{D_1}=\sqrt{(ay+b)^2}$ となって $\sqrt{\ }$ がはずれる。そのために，$D_1=0$ が重解をもつ条件 $D_2=0$ をとる。

**これで解決！**

1次式の積に因数分解 ➡ ($x$ の2次方程式とみて) 判別式 $D_1$ をとる ➡ ($y$ の2次方程式とみて) $D_1=0$ の判別式 $D_2=0$ とする

**練習19** $k$ を定数とする2次式 $x^2+3xy+2y^2-3x-5y+k$ が $x$，$y$ の1次式の積に因数分解できるとき，$k$ の値と因数分解した結果をかけ。〈東京薬大〉

## 20 不等式の解と整数の個数

$6x^2-25x-9<0$ を満たす整数 $x$ の個数は［　　］個である。〈立教大〉

**解**　$(3x+1)(2x-9)<0$ より　$-\frac{1}{3}<x<\frac{9}{2}$

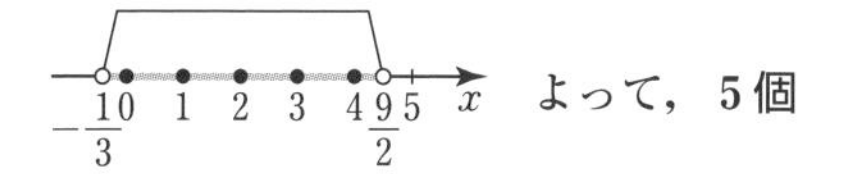


よって，**5個**

⬅数直線上に解を図示する。

**アドバイス**

- 不等式を満たす整数の個数を調べるには，数直線上に示すのが明快である。
- 無理数 $\sqrt{m}$ のおよその値は，自然数 $n$ で $n\leqq\sqrt{m}<n+1$ と挟み込む。

**これで解決！**

不等式を満たす整数 ➡ 範囲を数直線上に図示

**練習20**　$2n^2-9n-5\leqq0$ を満たす整数 $n$ は全部で［　　］個ある。〈千葉工大〉

## 21 $D>0$ と $D\geqq0$

2つの方程式 $x^2-4x+a^2=0$……①，$x^2+2ax-a^2+6a=0$……②
がともに実数解をもつような $a$ の値の範囲を求めよ。〈東北学院大〉

**解**　①の判別式を $D_1$，②の判別式を $D_2$ とすると

$\frac{D_1}{4}=(-2)^2-a^2\geqq0$ より　$(a+2)(a-2)\leqq0$

⬅実数解だから重解もよいので $D\geqq0$

$-2\leqq a\leqq2$　……①′

$\frac{D_2}{4}=a^2-(-a^2+6a)\geqq0$ より　$2a(a-3)\geqq0$

$a\leqq0,\ 3\leqq a$　……②′

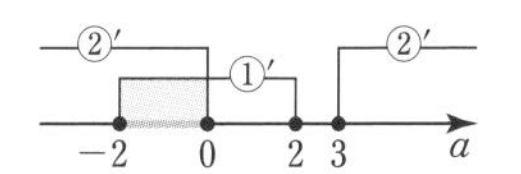


①′，②′ の共通範囲だから　$\boldsymbol{-2\leqq a\leqq0}$

**アドバイス**

- 実数解をもつ条件で，$D\geqq0$ と $D>0$ の区別をいい加減にしている人がいる。
  $D\geqq0$ は重解も入るが $D>0$ は重解は入らないから要注意！

**これで解決！**

2次方程式の実数解と判別式 ➡ 実数解 $D\geqq0$（重解も入る）
異なる2つの実数解 $D>0$（重解は入らない）

**練習21**　方程式 $x^2+(a+1)x+a^2=0$，$x^2+2ax+2a=0$ のうち，少なくとも一方の方程式が実数解をもつ $a$ の値の範囲は［　　］である。〈神奈川大〉

# 22 文字を含む不等式

不等式 $x(x-a+1)<a$ の解を求めよ。〈岩手大〉

**解** $x^2-(a-1)x-a<0$ から $(x-a)(x+1)<0$

$a>-1$ のとき

$-1$　$a$　$x$

$-1<x<a$

$a=-1$ のとき

$(x+1)^2<0$ となり

$(x+1)^2\geqq 0$ だから

解はない

$a<-1$ のとき

$a$　$-1$　$x$

$a<x<-1$

**アドバイス**

- $(x-\alpha)(x-\beta)<0$ の解は，$\alpha$，$\beta$ の大，小によって，$\alpha<x<\beta$ となったり，$\beta<x<\alpha$ となったりするので，場合分けが必要。$(x-\alpha)(x-\beta)>0$ も同様である。
- 文字を含む不等式では，文字の大小による場合分けを覚悟しておこう。

$(x-\alpha)(x-\beta)\gtreqless 0$ ➡ $\alpha<\beta$，$\alpha=\beta$，$\alpha>\beta$ で場合分け

**練習22** 不等式 $x^2-x+a(1-a)<0$ を解け。ただし，$a$ は定数とする。〈関西大〉

# 23 解に適した不等式をつくる

不等式 $ax^2-2x+b>0$ の解が $-2<x<1$ のとき，$a$，$b$ の値を求めよ。〈甲南大〉

**解** $-2<x<1$ を解にもつ 2 次不等式は

$(x+2)(x-1)<0$ より $x^2+x-2<0$

与式の 1 次の係数が $-2$ だから，両辺に $-2$ を掛けて

$-2x^2-2x+4>0 \iff ax^2-2x+b>0$ ⬅不等号の向きと，どこかの項の係数を一致させる。

係数を比較して，$a=-2$，$b=4$

**アドバイス**

- 不等式の解から，2 次方程式をつくるのがポイントで，不等号の向きと同じ次数の項の係数や定数項を一致させてから係数を比較する。

これで解決!

不等式とその解 $(\alpha<\beta)$ ➡ $\begin{cases} \alpha<x<\beta \iff (x-\alpha)(x-\beta)<0 \\ x<\alpha,\ \beta<x \iff (x-\alpha)(x-\beta)>0 \end{cases}$

**練習23** $a$，$b$ を実数の定数とする。不等式 $ax^2+(3b-a)x-24>0$ の解が $2<x<4$ のとき，$a=$□，$b=$□ である。〈成蹊大〉

# 24 連立不等式の包含関係

連立不等式 $x^2-(a+6)x+6a<0$，$4x^2-27x+45>0$ の解の中に整数値が3個だけ含まれるように $a$ の値の範囲を定めよ。〈北海学園大〉

**解**　$(x-a)(x-6)<0$，$(4x-15)(x-3)>0$

共通部分を数直線を使って図示すると

(i)　$a<6$ のとき

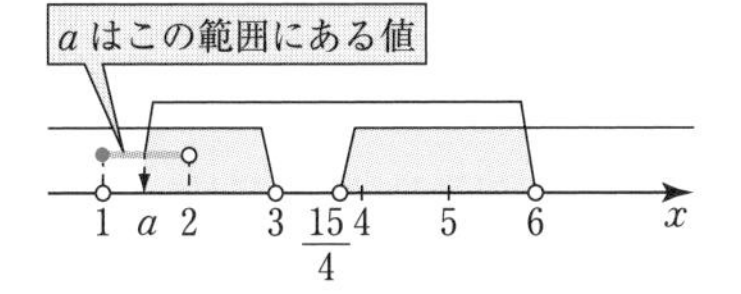


上の図より，2，4，5が含まれればよいから，$1 \leqq a<2$

(ii)　$a>6$ のとき

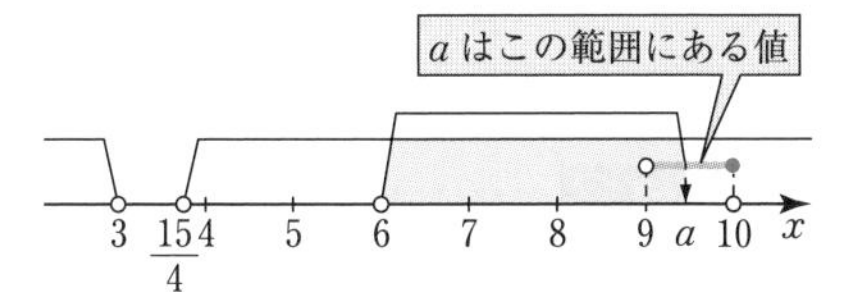


上の図より，7，8，9が含まれればよいから，$9<a \leqq 10$

(iii)　$a=6$ のとき解がないから不適。

よって，(i)，(ii)より　$\boldsymbol{1 \leqq a<2}$，$\boldsymbol{9<a \leqq 10}$

## アドバイス

- 連立不等式の解の包含関係は数直線を使って図示するのが一番よい。ただし，注意しなければならないのは，両端に等号が入るかどうかの吟味である。それは問題の式に＝が入っているか，入っていないかで違ってくる。
- この問題でも $a$ の範囲の1と10には＝がついているが，2と9には＝はつかない。それは，問題の式に等号が入っていないからで，実際に $(x-a)(x-6)<0$ の解を調べると $a=1$ のときは，$1<x<6$ で，共通範囲が $1<x<3$ となり $x=1$ は含まれない。したがって，$a=1$ はよい。
- 一方，$a=2$ のときは，$2<x<6$ で，共通範囲が $2<x<3$ となり $x=2$ を含まなくなってしまうから，$a=2$ はダメである。
  （$a=9$，10のときについては各自で確かめてみよう。）

**これで解決！**

連立不等式の解の包含関係　➡　数直線で考えるのが best

両端の等号が入るかどうか　➡　迷ったら実際に解を求めよ

**練習24**　次の2つの不等式①，②について，次の問いに答えよ。

$$2x^2+x-3>0 \quad \cdots\cdots①$$

$$x^2-(a-3)x-2a+2<0 \quad \cdots\cdots②$$

(1)　不等式①を満たす $x$ の値の範囲を求めよ。

(2)　不等式①と②を満たす整数解がただ1つであるとき，$a$ のとりうる値の範囲を求めよ。〈神戸女子大〉

## 25 絶対値を含む関数のグラフ

次の関数のグラフをかけ。

(1) $y=|x(x-2)|$ 〈東北学院大〉 (2) $f(x)=|x^2-3x|-x$ 〈首都大〉

**解** (1)

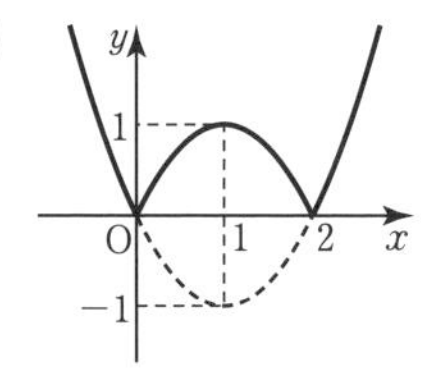


(2) $x \leqq 0,\ 3 \leqq x$ のとき

$f(x)=x^2-4x$

$0<x<3$ のとき

$f(x)=-(x^2-3x)-x$

$=-x^2+2x$

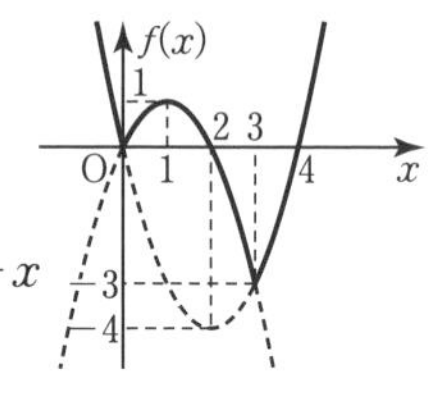


**アドバイス**

- (1)は，全体に絶対値がついているから，負の部分を $x$ 軸で折り返せばよいが，(2)はそれができないから，基本通りに“絶対値の中が正か負か”，で場合分けする。

絶対値のグラフ ➡ $\begin{cases} y=|f(x)| \text{ は，負の部分を } x \text{ 軸で折り返す} \\ y=g(x)+|f(x)| \text{ は，} f(x) \geqq 0 \text{ と } f(x)<0 \text{ で場合分け} \end{cases}$

**練習25** 次の関数のグラフをかけ。

(1) $y=|x^2-4x+3|$ 〈甲南大〉 (2) $y=|x^2-5x+4|+x+1$ 〈同志社大〉

## 26 $ax^2+bx+c>0$ がつねに成り立つ条件

2次不等式 $x^2-2kx+4(k+3)>0$ がすべての実数 $x$ で成り立つとき，$k$ のとりうる値の範囲を求めよ。 〈国士舘大〉

**解** $x^2$ の係数が1で正なので，$D<0$ であればよいから

$\dfrac{D}{4}=k^2-4(k+3)=(k+2)(k-6)<0$

よって，$-2<k<6$

⬅ $y=x^2-2kx+4(k+3)$ のグラフは下に凸。

**アドバイス**

- すべての $x$ で $ax^2+bx+c>0$ となる条件は，右のグラフから $a>0$（下に凸）かつ $D<0$（$x$ 軸と交わらない）である。
- ただし，$a=0$ のときは $b=0$，$c>0$ となる。
したがって，$a \neq 0$ のとき次が成り立つ。

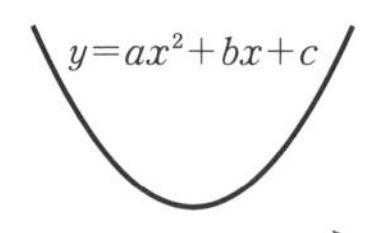


これで解決！

すべての実数 $x$ で $ax^2+bx+c>0$ ➡ $a>0$，$D=b^2-4ac<0$

**練習26** すべての実数 $x$ について，$x^2-3x+k^2>0$，$-x^2-2kx+k-2<0$ が同時に成り立つとき，実数 $k$ の範囲を求めよ。 〈武庫川女子大〉

# 27 $\alpha \leqq x \leqq \beta$ の範囲で $f(x)>0$ の条件

$1 \leqq x \leqq 3$ において，2次関数 $y=x^2-2ax+3a$ がつねに正となるような $a$ の値の範囲を求めよ。 〈島根大〉

**解**　$y=f(x)=(x-a)^2-a^2+3a$ より，軸は $x=a$ である。

(i) $a<1$ のとき

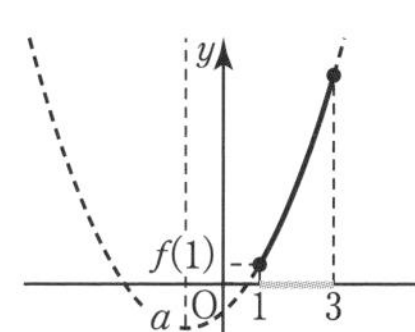


$f(1)>0$ ならばよい。

$f(1)=1-2a+3a>0$

$a>-1$

よって，$-1<a<1$

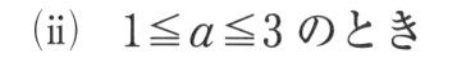

(ii) $1 \leqq a \leqq 3$ のとき

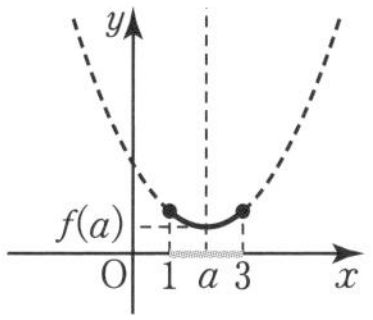


$f(a)=-a^2+3a>0$

$a(a-3)<0$

$0<a<3$

よって，$1 \leqq a<3$

$\left(\dfrac{D}{4}=a^2-3a<0\right.$ の条件を求めてもよい。$\left.\right)$

(iii) $a>3$ のとき

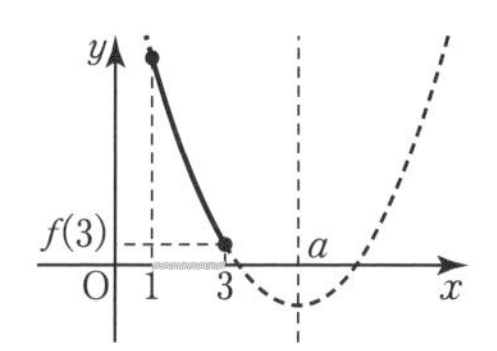


$f(3)>0$ ならばよい。

$f(3)=9-6a+3a>0$

$a<3$

よって，$a$ を満たす範囲はない。

(i)，(ii)，(iii)より

$\boldsymbol{-1<a<3}$

**アドバイス**

- $f(x)$ が2次関数のとき，区間 $\alpha \leqq x \leqq \beta$ で $f(x)>0$ になるための条件を，区間を無視して $D<0$ だけで答える人がいる。$D<0$ は前ページ[26]のようにすべての $x$ の範囲を考えたとき $f(x)>0$ になる条件である。
- 区間 $\alpha \leqq x \leqq \beta$ がある場合は軸の位置により $D \geqq 0$ であっても(i)，(iii)のように $f(x)>0$ となることがあるので注意しよう。
- 見方をかえると，区間 $\alpha \leqq x \leqq \beta$ における最小値が正となる条件を求めることと同じことである。

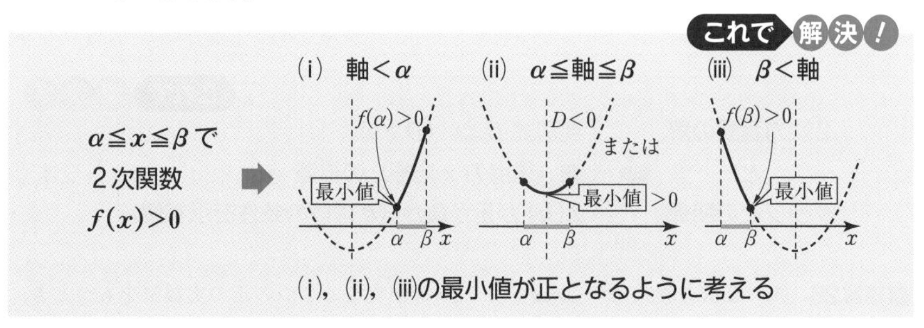


**練習27**　$0 \leqq x \leqq 2$ において，$x^2-4ax+5a>0$ を満たす定数 $a$ の範囲を求めよ。 〈三重大〉

# 28 2次方程式の解とグラフ

方程式 $x^2-2ax+a+12=0$ の異なる2つの実数解がともに1より大きくなるのは $\boxed{\phantom{00}}<a<\boxed{\phantom{00}}$ のときである。〈青山学院大〉

**解** $f(x)=x^2-2ax+a+12$ とおくと

$y=f(x)$ のグラフが右のようになればよいから

$\dfrac{D}{4}=a^2-a-12=(a-4)(a+3)>0$ より

$a<-3,\ 4<a$ ……①

軸 $x=a>1$ より $a>1$ ……②

$f(1)=1-2a+a+12>0$ より $a<13$ ……③

①，②，③の共通範囲だから

$\boldsymbol{4<a<13}$

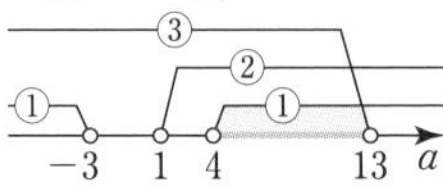


**アドバイス**

- 2次方程式の解を下に凸のグラフで考えるとき，グラフは次の3つの条件で決まる。
  1. ① 判別式 $D$ の符号（重解を含む実数解は $D\geqq0$，異なる実数解は $D>0$）
  2. ② 軸の位置（軸の $x$ 座標の範囲）
  3. ③ 解の条件を示す値が $k$ のとき，$f(k)$ の正，負で解の範囲を押さえる。

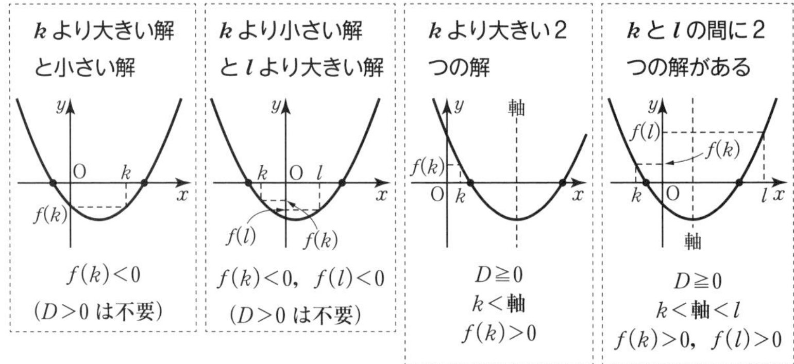


**これで解決！**

2次方程式の解とグラフとの関係 ➡ 判別式 $\boldsymbol{D\geqq0}$（$\boldsymbol{D>0}$）、軸（頂点の $\boldsymbol{x}$ 座標）の位置、$\boldsymbol{f(k)}$ が正か負か（$\boldsymbol{k}$ は解の条件を示す値）　トリオで

**練習28** (1) 2次方程式 $x^2+2mx+m+2=0$ が異なる2つの正の実数解をもつとき，定数 $m$ の値の範囲を求めよ。〈鳥取大〉

(2) 2次方程式 $x^2+ax+a=0$ が異なる2つの実数解をもち，その絶対値が1より小さい。このような実数 $a$ の値の範囲を求めよ。〈信州大〉

# 29 絶対値を含む方程式・不等式

次の方程式，不等式を解け。

(1)　$x^2-x=|x-2|+1$　〈摂南大〉

(2)　$x^2-2x-5<|x-1|$　〈日本獣畜大〉

**解**

(1)　(i)　$x \geqq 2$ のとき

$x^2-x=x-2+1$，$(x-1)^2=0$

$x=1$　($x \geqq 2$ を満たさない。)

(ii)　$x<2$ のとき

$x^2-x=-x+2+1$，$x^2=3$

$x=\pm\sqrt{3}$　($x<2$ を満たす。)

よって，(i)，(ii)より　$\boldsymbol{x=\pm\sqrt{3}}$

⬅ $|x-2|=\begin{cases} x-2 & (x \geqq 2) \\ -x+2 & (x<2) \end{cases}$

⬅ 解が場合分けした範囲を満たすか確かめる。

(2)　(i)　$x \geqq 1$ のとき，

$x^2-2x-5<x-1$

$(x+1)(x-4)<0$，　$-1<x<4$

$x \geqq 1$ より　$1 \leqq x<4$　……①

(ii)　$x<1$ のとき，

$x^2-2x-5<-x+1$

$(x+2)(x-3)<0$，　$-2<x<3$

$x<1$ より　$-2<x<1$……②

よって，①，②より　$\boldsymbol{-2<x<4}$

⬅ $|x-1|=\begin{cases} x-1 & (x \geqq 1) \\ -x+1 & (x<1) \end{cases}$

⬅ 解が場合分けした範囲を満たすか確かめる。

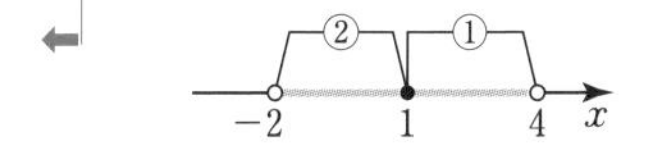


**アドバイス**

- 絶対値を含んだ方程式・不等式は，まず絶対値をはずさなければ解けない。面倒でも場合分けをして解き，その範囲で解が正しいかどうか判断すること。
- なお，絶対値記号が式全体にかかっているときは，次のような簡便法がある。

$$|x|<A \iff -A<x<A$$
$$|x|>A \iff x<-A,\ A<x$$
（ただし，$A>0$）

**これで解決！**

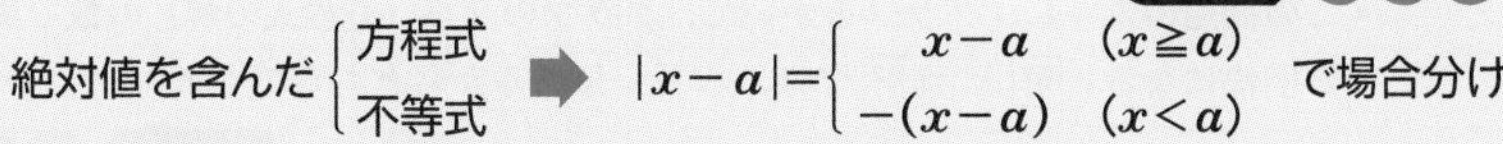


**練習29**　次の方程式，不等式を解け。

(1)　$x^2+2|x-1|-5=0$　〈愛媛大〉

(2)　$2|x-2|+|x-1|<3$　〈甲南大〉

(3)　$|x^2-2x-15| \leqq x+3$　〈青山学院大〉

# 30 グラフを利用して解の個数を求める　（数学Ⅱ）

2 次方程式 $|x^2-1|+x-k=0$ が 4 個の異なる実数解をもつのは，

□ $<k<$ □ のときである。ただし，$k$ は実数。　〈青山学院大〉

$|x^2-1|=-x+k$ とすると

$y=|x^2-1|$ と $y=-x+k$

のグラフの交点の $x$ 座標が実数解である。

右図より，接するときの $k$ の値は

$-x^2+1=-x+k$

$x^2-x+k-1=0$

判別式をとって，$D=(-1)^2-4(k-1)=0$

よって，$k=\dfrac{5}{4}$

右図から 4 個の異なる実数解をもつ

$k$ の値の範囲は　$\boldsymbol{1<k<\dfrac{5}{4}}$

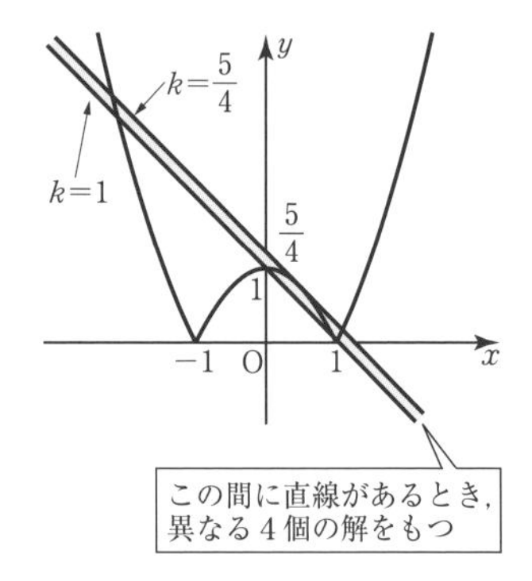


**別解** $|x^2-1|+x=k$ として，

$y=|x^2-1|+x$ と $y=k$ のグラフで考える。

$x\leqq-1,\ 1\leqq x$ のとき，

$$y=x^2+x-1=\left(x+\frac{1}{2}\right)^2-\frac{5}{4}$$

$-1<x<1$ 　のとき，

$$y=-x^2+x+1=-\left(x-\frac{1}{2}\right)^2+\frac{5}{4}$$

右のグラフより　$\boldsymbol{1<k<\dfrac{5}{4}}$

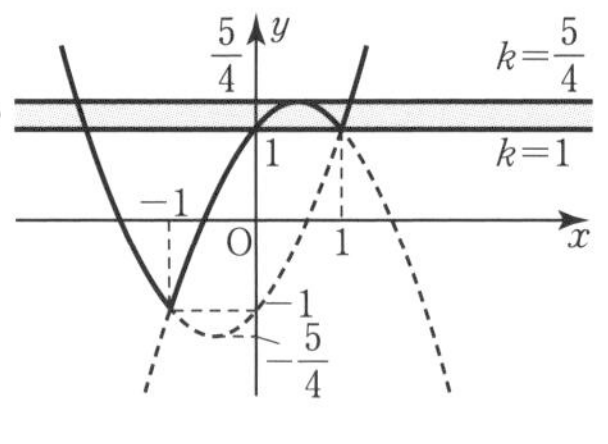


**アドバイス**

- 2 次方程式の解の個数で，判別式だけですむときはグラフをかかなくてもわかるが，絶対値記号を含む式では場合分けと式変形が面倒になる。
- この問題のように，グラフをかいて，グラフの交点（方程式の解）の数で調べるのが明快になる。解 と 別解 では，一長一短あるからどちらでもよい。

**これで解決！**

絶対値記号を含む方程式の解の個数 ➡ グラフで解決！グラフとグラフの交点の数を数えよ

**練習30**　曲線 $y=|x^2+4x-5|$ と直線 $y=2x+k$ が異なる 4 つの共有点をもつような $k$ の値の範囲を求めよ。　〈芝浦工大〉

# 31 集合の要素と集合の決定

　2つの集合 $A=\{2,\ 6,\ 5a-a^2\}$，$B=\{3,\ 4,\ 3a-1,\ a+b\}$ がある。4が $A\cap B$ に属するとき，$a=$□ または □ である。
　さらに，$A\cap B=\{4,\ 6\}$ であるとき，$b=$□ であり $A\cup B=$□ である。　〈千葉工大〉

**解**　4が $A$ の要素だから　⬅$4\in A\cap B$ より $4\in A$ である。
　$5a-a^2=4$ より $(a-1)(a-4)=0$
　よって，$a=\mathbf{1}$ または $\mathbf{4}$　⬅少なくとも $a$ は1か4である。（必要条件）
$a=1$ のとき，$B=\{3,\ 4,\ 2,\ 1+b\}$
このとき，2が $A\cap B$ に属するので
$A\cap B\neq\{4,\ 6\}$　よって，$a=1$ は不適。　⬅$A\cap B=\{2,\ 4,\ 6\}$ となってしまう。
$a=4$ のとき，$B=\{3,\ 4,\ 11,\ 4+b\}$
$A\cap B=\{4,\ 6\}$ より $4+b=6$　よって，$b=\mathbf{2}$
このとき，
$A=\{2,\ 4,\ 6\}$，$B=\{3,\ 4,\ 6,\ 11\}$　⬅$A$ と $B$ を具体的に求める。（十分条件）
　よって，$A\cup B=\{\mathbf{2,\ 3,\ 4,\ 6,\ 11}\}$

**アドバイス**

- 集合の要素を決定する問題では，まず集合 $A$ と $B$ の共通部分 $A\cap B$ の要素を考えるのがよい。
- 多くの場合，いくつかの場合分けが必要になってくるので，その都度 $A$ と $B$ の要素を求めて，$A\cap B$，$A\cup B$ を明らかにしていく。
- なお，集合の主な包含関係をベン図で表すと，次のようになる。一度確認しておく。

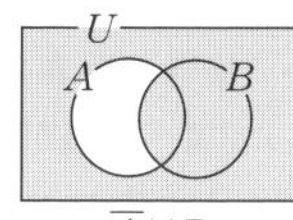

$\overline{A}\cup B$

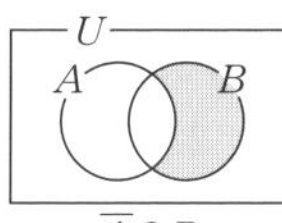

$\overline{A}\cap B$

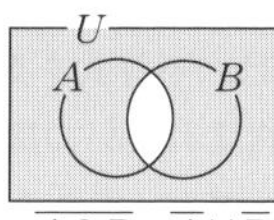

$\overline{A\cap B}=\overline{A}\cup\overline{B}$

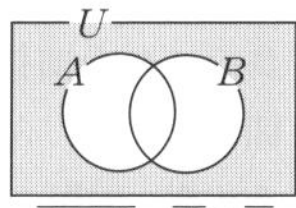

$\overline{A\cup B}=\overline{A}\cap\overline{B}$

**これで解決！**

**集合 $A$ と $B$ の要素の決定** ➡ $A\cap B=\{\cdots,\ x,\ \cdots\}\to x\in A$ かつ $x\in B$
$A\cup B=\{\cdots,\ x,\ \cdots\}\to x\in A$ または $x\in B$

**練習31**　整数を要素とする2つの集合
$A=\{-3,\ 2,\ a^2-9a+25,\ 2a+3\}$
$B=\{-2,\ a^2-4a-10,\ a^2-5a+1,\ a+6,\ 16\}$
において，$A\cap B=\{2,\ 7\}$ とする。
(1)　$A\cup B$　を求めよ。　(2)　$\overline{A}\cap B$　を求めよ。　〈釧路公立大〉

# 32 不等式で表された集合の関係

$a$を正の定数とする。次の3つの集合

$A=\{x|x^2-3x+2\leqq 0\}$, $B=\{x|x^2-9<0\}$, $C=\{x|3x^2-2ax-a^2<0\}$

について，$A\subset C$ かつ $C\subset B$ が同時に成り立つとき，$a$の値の範囲を求めよ。〈久留米大〉

**解**　集合$A$は　$x^2-3x+2\leqq 0$ より

$(x-1)(x-2)\leqq 0$,　　$1\leqq x\leqq 2$

集合$B$は　$x^2-9<0$ より

$(x+3)(x-3)<0$,　　$-3<x<3$

⬅$x^2-9<0$ を $x<\pm 3$ と誤らない。

集合$C$は　$3x^2-2ax-a^2<0$ より

$(3x+a)(x-a)<0$

$a>0$ だから　$-\dfrac{a}{3}<x<a$

⬅$a$と$-\dfrac{a}{3}$の大小関係は $a>0$ だから $-\dfrac{a}{3}<a$

$A\subset C$ が成り立つためには右図より

$-\dfrac{a}{3}<1$ かつ $2<a$

よって，$a>2$　……①

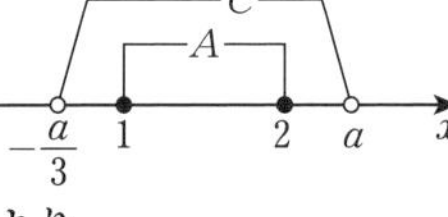


⬅$A$の両端は●で$C$は両端は○なので①に＝は入らない。

$C\subset B$ が成り立つためには右図より

$-3\leqq -\dfrac{a}{3}$ かつ $a\leqq 3$

よって，$a\leqq 3$　……②

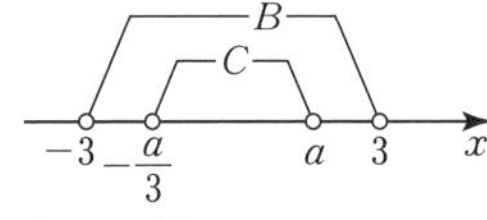


⬅$B$, $C$どちらも両端が○なので②の両端に＝が入ってもよい。

①，②が同時に成り立つのは　$\boldsymbol{2<a\leqq 3}$

**アドバイス**

- 集合の包含関係では，不等式を題材とすることが多い。集合の要素のとりうる範囲について，含む含まれないの関係は，数直線上にとって調べるのが簡明である。
- その際，問題文に＝が入っているかいないかで，両端に＝が入るか入らないか異なるので注意しなければならない。

**これで解決！**

集合の包含関係 ➡
- ・不等式は数直線上に範囲を示して考える
- ・両端に＝が入るかどうかは慎重に

**練習32**　$a$を0でない実数とする。2次不等式 $ax^2-3a^2x+2a^3\leqq 0$ の解集合を$A$, $x^2+x-2\geqq 0$ の解集合を$B$とする。

(1)　$A\cap B$ が空集合となるような$a$の値の範囲を求めよ。

(2)　$A\cup B$ が実数全体の集合となるような$a$の値の範囲を求めよ。〈島根大〉

# 33 集合の要素の個数

1 から 1000 までの整数の集合を全体集合 $U$ とする。
$A=\{x|x$ は 3 の倍数$\}$，$B=\{x|x$ は 5 の倍数$\}$ とするとき，
$n(\overline{A}\cap\overline{B})$ を求めよ。 〈千葉経大〉

**解** $1\leqq 3k\leqq 1000$　より　$1\leqq k\leqq 333$
よって，$n(A)=333$
$1\leqq 5k\leqq 1000$　より　$1\leqq k\leqq 200$
よって，$n(B)=200$
$1\leqq 15k\leqq 1000$　より　$1\leqq k\leqq 66$
よって，$n(A\cap B)=66$

$n(A\cup B)=n(A)+n(B)-n(A\cap B)$
$=333+200-66=467$
$n(\overline{A}\cap\overline{B})=n(\overline{A\cup B})=n(U)-n(A\cup B)$
$=1000-467=$ **533**

⬅ $k$ を自然数として $n(A)$，$n(B)$ を求める。

⬅ $A\cap B$ は 3 かつ 5 の倍数だから，15 の倍数。

$\overline{A\cup B}=\overline{A}\cap\overline{B}=$

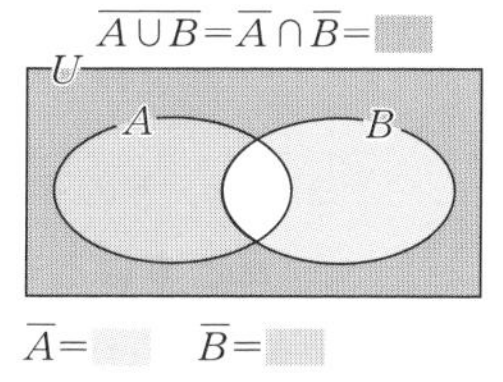


$\overline{A}=$　　$\overline{B}=$

**アドバイス**

- 集合の包含関係や要素の個数の問題はつかみ所がなくて，学生諸君の三大アレルギー（整数，集合，絶対値）といってもいい。
- しかし，集合では，次のことを理解していればまず大丈夫だろう。

$\boldsymbol{n(A\cup B)=n(A)+n(B)-n(A\cap B)}$　（最も基本となる関係式）

$n(A\cap\overline{B})=n(A)-n(A\cap B)$　$n(\overline{A}\cap B)=n(B)-n(A\cap B)$

⬅ ベン図をかけば暗記しなくてもわかる。

U　A　B

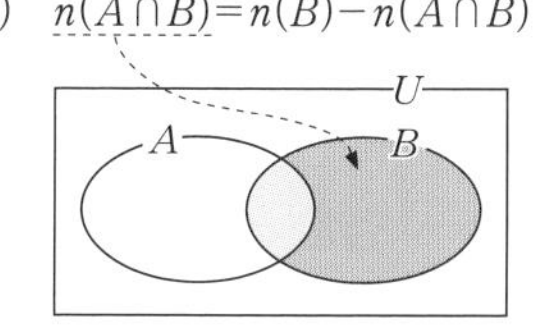


- ド・モルガンの法則は「線が切れれば，∪ と ∩ の向きが変わる」と覚える。

**これで解決！**

**ド・モルガンの法則** ➡

線が切れれば　向きが変わる　線が切れれば　向きが変わる

$$\overline{A\cup B}=\overline{A}\cap\overline{B}\ ,\quad \overline{A\cap B}=\overline{A}\cup\overline{B}$$

**練習33** $U=\{x|100\leqq x\leqq 200$ の整数$\}$ を全体集合とし，$A=\{x|x\in U$，$x$ は 3 の倍数$\}$，$B=\{x|x\in U$，$x$ は 4 の倍数$\}$ をその部分集合とする。このとき，$n(A)$，$n(B)$，$n(A\cap B)$，$n(A\cup B)$，$n(\overline{A}\cap B)$，$n(\overline{A}\cup B)$，$n(\overline{A}\cup\overline{B})$ を求めよ。 〈近畿大〉

## 34 「すべてとある」「またはとかつ」「少なくとも一方とともに」

次の条件の否定をいえ。

(1) 「すべての $x$ について $ax^2+bx+c \geqq 0$」

(2) 「$a \neq 0$ かつ $b \neq 0$」 〈芝浦工大〉

(3) 「$a$ と $b$ のうち少なくとも一方は奇数」

**解** (1) 「すべての $x$ について $ax^2+bx+c \geqq 0$ である」の否定は

「**ある $x$ について $ax^2+bx+c<0$ である**」

集合では

$\overline{A \cup B} = \overline{A} \cap \overline{B}$（または → かつ）

$\overline{A \cap B} = \overline{A} \cup \overline{B}$（かつ → または）

(2) 「$a \neq 0$ かつ $b \neq 0$」の否定は

「**$a=0$ または $b=0$**」

(3) 「$a$, $b$ のうち少なくとも一方は奇数」の否定は

「**$a$ と $b$ はともに偶数**」

**アドバイス**

数学における条件で使われる用語の意味は，日常使っている言葉と少し違った意味になることがある。

- “すべての〜” の否定は “ある〜” であり，逆に “ある〜” の否定は “すべての〜” である。
- “ある” とは１つあればよいし，“すべて” は例外が１つあってもダメである。
- “$p$ または $q$” は，$p$ か $q$ のどちらかという意味ではなく，“$p$ でもよいし，$q$ でもよいし，$p$ と $q$ の両方でもよい”。

**これで解決！**

**ある $x$ について $p$ ⟸ 否定 ⟹ すべての $x$ について $\overline{p}$**

**$p$ または $q$ ⟸ 否定 ⟹ $\overline{p}$ かつ $\overline{q}$**

**$a$ と $b$ の少なくとも一方は $p$ ⟸ 否定 ⟹ $a$ と $b$ はともに $\overline{p}$**

（$\overline{p}$, $\overline{q}$ は，それぞれ条件 $p$, $q$ の否定を表す。）

**練習34** (1) 次の条件の否定をいえ。

(ア) 「ある $x$ について $f(x) \geqq 0$」 (イ) 「$a=b$ または $a<c$」

(ウ) 「$m$ と $n$ はともに無理数」

(2) 次の命題の対偶をかけ。

(ア) 「$a>b$ かつ $a+b>0$ ならば $a^2>b^2$ である」 〈広島工大〉

(イ) 「すべての $a$ について $f(a)>0$ ならば，ある $b$ について $g(b)<0$ である」 〈中京大〉

# 35 命題の逆，裏，対偶とその真偽

次の命題の真偽を調べよ。また，逆，裏，対偶を述べて，その真偽を調べよ。ただし，$a$，$b$ は実数とする。

「$2a+b>4$ ならば $a>1$ かつ $b>2$ である」　〈徳島文理大〉

**解**　この命題は偽：反例は $a=3$，$b=1$

逆：「$a>1$ かつ $b>2$　ならば　$2a+b>4$ である」
　この命題は真

裏：「$2a+b\leqq 4$　ならば　$a\leqq 1$ または $b\leqq 2$　である」
　この命題は真

⬅ $p$ かつ $q$ の否定は $\overline{p}$ または $\overline{q}$

対偶：「$a\leqq 1$ または $b\leqq 2$　ならば　$2a+b\leqq 4$　である」
　この命題は偽：反例は $a=2$，$b=1$

**アドバイス**

- 命題 $p \Longrightarrow q$（$p$ ならば $q$）に対し，真偽を判断するのはそう簡単ではない。
真か偽のどちらかであるが，まず偽として疑って反例を見つけるのがよい。どうしても反例が見つからなければ真ということになる。（証明するには，また別の難しさはあるが。）
- 反例はこの例題のように沢山ある場合もあれば，たった1つ，しかも極端な場合であることもある。それでも1つ反例があれば偽になる。
また，命題の逆，裏，対偶については，次のように覚えよう。

**これで解決！**

命題：$p \Longrightarrow q$ の逆，裏，対偶 ➡
- 逆 $q \Longrightarrow p$（$\Longrightarrow$ を反対にする）
- 裏 $\overline{p} \Longrightarrow \overline{q}$（$p$ と $q$ の頭に － をつける）
- 対偶 $\overline{q} \Longrightarrow \overline{p}$（逆にして － をつける）

（対偶ともとの命題の真偽は一致する）

**練習35**　$a$（$a\neq 0$），$b$，$c$ は実数とする。命題

「$ac<0$ ならば，2次方程式 $ax^2+bx+c=0$ は異なる2つの実数解をもつ」……①

について，次の問いに答えよ。

(1)　①の命題の真偽を調べ，真のときには証明し，偽のときには反例を示せ。

(2)　①の命題の逆，裏，対偶をつくり，その真偽を調べ，偽のときは反例を示せ。

〈富山県立大〉

# 36 必要条件・十分条件

次の □ の中に必要，十分，必要十分，必要でも十分でもない，のうち最も適する語を入れよ。ただし，$x$，$y$ は実数とする。

(1) $xy=6$ は $x=2$，$y=3$ であるための □ 条件である。

(2) $x=2$ は $x^2=2x$ であるための □ 条件である。

(3) $x+y=0$，$xy=0$ は $x=0$，$y=0$ であるための □ 条件である。

(4) $x>0$ は $x\neq 1$ であるための □ 条件である。 〈徳島文理大〉

**解**

(1) $x=2$，$y=3$ のとき　$xy=6$ だから

$xy=6 \underset{\longleftarrow}{\not\longrightarrow} x=2$，$y=3$　　よって，**必要条件**

(2) $x^2=2x$ のとき　$x=0$，$2$ だから

$x=2 \underset{\not\longleftarrow}{\longrightarrow} x^2=2x$　　よって，**十分条件**

(3) $x+y=0$，$xy=0$ のとき　$x=0$，$y=0$ だから

$x+y=0$，$xy=0 \underset{\longleftarrow}{\longrightarrow} x=0$，$y=0$　　よって，**必要十分条件**

(4) 右の数直線より

$x>0 \underset{\not\longleftarrow}{\not\longrightarrow} x\neq 1$　　よって，**必要でも十分でもない条件**

**アドバイス**

- 必要条件，十分条件を集合の包含関係で示すと，右図のようになる。すなわち，

  $p \underset{\longleftarrow}{\not\longrightarrow} q$ ならば，$p$ は $q$ の必要条件。

  $p \underset{\not\longleftarrow}{\longrightarrow} q$ ならば，$p$ は $q$ の十分条件。

  $p \underset{\longleftarrow}{\longrightarrow} q$ ならば，必要十分条件。

  $p \underset{\not\longleftarrow}{\not\longrightarrow} q$ ならば，必要条件でも十分条件でもない。

  $p$ は $q$ の必要条件　$P(p)$ $Q(q)$

  $p$ は $q$ の十分条件　$Q(q)$ $P(p)$

- $p \not\longrightarrow q$ や $q \not\longrightarrow p$ の例は 1 つあればよい。しかも，特別な場合でよい。それを考えるのがここの point といえる。

**これで解決！**

**必要条件・十分条件** ➡

**$p$ は $q$ の必要条件**　$p \underset{\longleftarrow}{\not\longrightarrow} q$

**$p$ は $q$ の十分条件**　$p \underset{\not\longleftarrow}{\longrightarrow} q$

**反例は特別な場合を考えよ**

**練習 36**　次の空欄に「必要」，「十分」，「必要十分」の中から適するものを入れよ。適するものがない場合は×を入れよ。ただし，$x$，$y$，$z$ は実数とする。

(1) $xyz=0$ は $xy=0$ のための □ 条件である。

(2) $x+y+z=0$ は $x+y=0$ のための □ 条件である。

(3) $x^4-4x^3+3x^2<0$ は $1<x<3$ のための □ 条件である。

(4) $x^2+y^2=0$ は $|x-y|=x+y$ のための □ 条件である。 〈摂南大〉

# 37 sinθ, cosθ, tanθ の三角比ファミリー

(1) 角 $\theta$ が鋭角で，$\sin\theta=\dfrac{2}{3}$ のとき，$\cos\theta$，$\tan\theta$ の値を求めよ。

〈中央大〉

(2) $\tan\theta=-2$，$0°<\theta<180°$ のとき，$\cos\theta$，$\sin\theta$ の値を求めよ。

〈福岡大〉

**解** (1) $\cos^2\theta=1-\sin^2\theta=1-\left(\dfrac{2}{3}\right)^2=\dfrac{5}{9}$ ⬅$\sin^2\theta+\cos^2\theta=1$

$\theta$ が鋭角だから $\cos\theta>0$

$\cos\theta=\sqrt{\dfrac{5}{9}}=\boldsymbol{\dfrac{\sqrt{5}}{3}}$

$\tan\theta=\dfrac{\sin\theta}{\cos\theta}=\dfrac{2}{3}\times\dfrac{3}{\sqrt{5}}=\boldsymbol{\dfrac{2\sqrt{5}}{5}}$

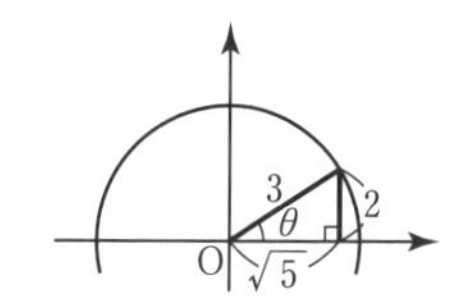


(2) $1+\tan^2\theta=\dfrac{1}{\cos^2\theta}$ に代入して

$1+(-2)^2=\dfrac{1}{\cos^2\theta}$ より $\cos^2\theta=\dfrac{1}{5}$

ここで，$\tan\theta=-2$ のとき $90°<\theta<180°$

$\cos\theta<0$ だから $\cos\theta=\boldsymbol{-\dfrac{\sqrt{5}}{5}}$

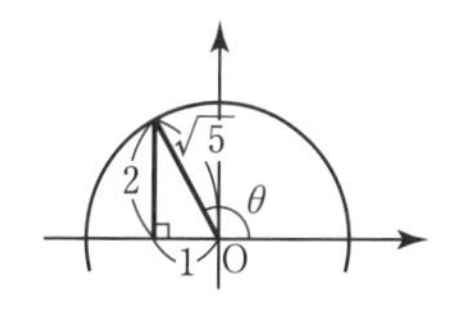


$\sin\theta=\tan\theta\cos\theta=-2\cdot\left(-\dfrac{\sqrt{5}}{5}\right)=\boldsymbol{\dfrac{2\sqrt{5}}{5}}$ ⬅$\sin^2\theta+\cos^2\theta=1$ から求めてもよい。

**アドバイス**

- 三角比を苦手とする人は少なくない。その原因の1つに $\sin\theta$, $\cos\theta$, $\tan\theta$ をバラバラに見ていることが考えられる。
- $\sin\theta$, $\cos\theta$, $\tan\theta$ の三角比ファミリーは次の式で結ばれているから，**1つわかればすべて求められる**。これを知っただけでも少しは自信がつくはずだ。なお，$\tan\theta$ は $\sin\theta$, $\cos\theta$ に直して計算するとわかりやすい。

**これで解決！**

**sinθ, cosθ, tanθ の三角比ファミリー** ➡ $\sin^2\theta+\cos^2\theta=1$，$\tan\theta=\dfrac{\sin\theta}{\cos\theta}$，$1+\tan^2\theta=\dfrac{1}{\cos^2\theta}$

**練習37** (1) $\theta$ が第2象限の角で $\sin\theta=\dfrac{2}{5}$ のとき，$\cos\theta=$□，$\tan\theta=$□ である。

〈大阪工大〉

(2) $\tan\theta=\dfrac{1}{2}$ のとき，$\dfrac{\sin\theta}{1+\cos\theta}=$□ である。ただし，$0°<\theta<90°$ とする。

〈立教大〉

# 38 三角方程式・不等式

次の方程式・不等式を解け。ただし，$0^\circ \leqq x \leqq 180^\circ$ とする。

(1) $2\sin^2 x - \cos x - 1 = 0$ 〈北里大〉

(2) $2\cos^2 x + 5\sin x - 4 \leqq 0$ 〈愛知工大〉

解

(1) $2\sin^2 x - \cos x - 1 = 0$

$2(1-\cos^2 x) - \cos x - 1 = 0$ ⬅$\sin^2 x + \cos^2 x = 1$ より $\sin^2 x = 1 - \cos^2 x$ を代入して $\cos x$ に統一。

$2\cos^2 x + \cos x - 1 = 0$

$(2\cos x - 1)(\cos x + 1) = 0$ ⬅因数分解する。

$\cos x = \frac{1}{2},\ -1$

よって，**$x = 60^\circ,\ 180^\circ$**

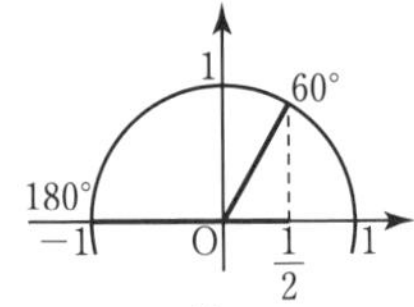


(2) $2\cos^2 x + 5\sin x - 4 \leqq 0$

$2(1-\sin^2 x) + 5\sin x - 4 \leqq 0$ ⬅$\sin x$ に統一。

$2\sin^2 x - 5\sin x + 2 \geqq 0$

$(2\sin x - 1)(\sin x - 2) \geqq 0$ ⬅因数分解する。

$\sin x - 2 < 0$　だから ⬅$0^\circ \leqq x \leqq 180^\circ$ のとき $0 \leqq \sin x \leqq 1$ だからつねに　$\sin x - 2 < 0$

$2\sin x - 1 \leqq 0$

$\sin x \leqq \frac{1}{2}$

よって，**$0^\circ \leqq x \leqq 30^\circ,\ 150^\circ \leqq x \leqq 180^\circ$**

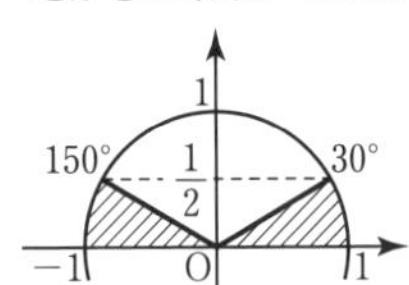


**アドバイス**

- 三角比（三角関数）で表された方程式・不等式で，式の中に $\sin x$ と $\cos x$ が混在していることがよくある。そんなときはまず，$\sin x$ か $\cos x$ に統一しよう。
- それから因数分解して考えるが，ここで大切なことは $0^\circ \leqq x \leqq 180^\circ$ の範囲では $0 \leqq \sin x \leqq 1$，$-1 \leqq \cos x \leqq 1$　であることを忘れない。また，$x$ の範囲は単位円を用いて求めるのが早いし明快だ。

**$\sin x$，$\cos x$ の方程式・不等式** ➡

- **$\sin x$ か $\cos x$ に統一（$\sin^2 x + \cos^2 x = 1$ の利用）**
- **$0^\circ \leqq x \leqq 180^\circ$ のとき $0 \leqq \sin x \leqq 1$，$-1 \leqq \cos x \leqq 1$**
- **$x$ の範囲は単位円で考える**

**練習38**　次の方程式，不等式を解け。ただし，$0^\circ \leqq x \leqq 180^\circ$ とする。

(1) $2\cos^2 x + 3\sin x - 3 = 0$ 〈滋賀大〉　(2) $2\sin^2 x + \cos x - 1 \geqq 0$ 〈福岡大〉

## 39　$\sin\theta$，$\cos\theta$ が係数の２次方程式

$0°<\theta<180°$ のとき，２次方程式 $x^2-(4\sin\theta)x+2\sin\theta=0$ が異なる２つの実数解をもつように $\theta$ の範囲を定めよ。〈立命館大〉

**解**　判別式をとって，$\frac{D}{4}=(-2\sin\theta)^2-2\sin\theta>0$ となればよいから　$2\sin\theta(2\sin\theta-1)>0$

$0°<\theta<180°$ より $\sin\theta>0$　だから　$\sin\theta>\frac{1}{2}$

よって，$\boldsymbol{30°<\theta<150°}$

⬅$D>0$……異なる２つの実数解
$D\geqq0$……２つの実数解

**アドバイス**

- 係数に三角比を含む２次方程式では，$\sin\theta$，$\cos\theta$ を見ただけでビビってしまいそうだが，単なる文字と思って条件を式にすれば，三角方程式，不等式になる。

**これで解決！**

三角比が係数の２次方程式 ➡ $\sin\theta$，$\cos\theta$ は単なる文字と見る

**練習39**　２次方程式 $x^2+(2\cos\theta)x+\sin^2\theta=0$ が実数解をもつように $\theta$ の値の範囲を定めよ。ただし，$0°<\theta<180°$ とする。〈神戸女子大〉

## 40　$\sin\theta+\cos\theta=a$ のとき

$\sin\theta+\cos\theta=\frac{1}{2}$ のとき，次の値を求めよ。

(1)　$\sin\theta\cos\theta$　　(2)　$\sin^3\theta+\cos^3\theta$　〈芝浦工大〉

**解**　(1)　$(\sin\theta+\cos\theta)^2=\left(\frac{1}{2}\right)^2$

$1+2\sin\theta\cos\theta=\frac{1}{4}$　　よって，$\sin\theta\cos\theta=\boldsymbol{-\frac{3}{8}}$

⬅$\sin^2\theta+\cos^2\theta=1$

(2)　$\sin^3\theta+\cos^3\theta$

$=(\sin\theta+\cos\theta)(\sin^2\theta-\sin\theta\cos\theta+\cos^2\theta)$

$=\frac{1}{2}\cdot\left\{1-\left(-\frac{3}{8}\right)\right\}=\boldsymbol{\frac{11}{16}}$

⬅$a^3+b^3=(a+b)(a^2-ab+b^2)$

**アドバイス**

- $\sin\theta\pm\cos\theta=a$ のとき，**$\sin\theta\cos\theta$** は両辺を２乗して導ける。三角比の根幹となる公式 $\sin^2\theta+\cos^2\theta=1$ を利用するために，２乗するのは常套手段だ！

**これで解決！**

$\sin\theta+\cos\theta=a$ のとき ➡ 両辺を２乗して $\sin\theta\cos\theta=\frac{a^2-1}{2}$

**練習40**　$\sin\theta-\cos\theta=\frac{1}{3}$ のとき，次の式の値を求めよ。

(1)　$\sin\theta\cos\theta$　　(2)　$\sin^3\theta-\cos^3\theta$　〈明治大〉

# 41 $\sin x$，$\cos x$ で表された関数の最大・最小

$0° \leqq x \leqq 180°$ の範囲で，関数 $y=\sin^2 x+\cos x$ の最大値，最小値と，そのときの $x$ の値を求めよ。 〈立教大〉

**解**

$y=\sin^2 x+\cos x$

$=(1-\cos^2 x)+\cos x$

$=-\cos^2 x+\cos x+1$

⬅$\sin^2 x+\cos^2 x=1$ を利用して $\cos x$ に統一。

$\cos x=t$ とおく。ただし，$t$ は

$0° \leqq x \leqq 180°$ のとき $-1 \leqq t \leqq 1$　だから

⬅$t$ の定義域は $0° \leqq x \leqq 180°$ より　$-1 \leqq \cos x \leqq 1$ ゆえに　$-1 \leqq t \leqq 1$

$y=-t^2+t+1\ (-1 \leqq t \leqq 1)$ で考える。

$=-\left(t-\dfrac{1}{2}\right)^2+\dfrac{5}{4}$

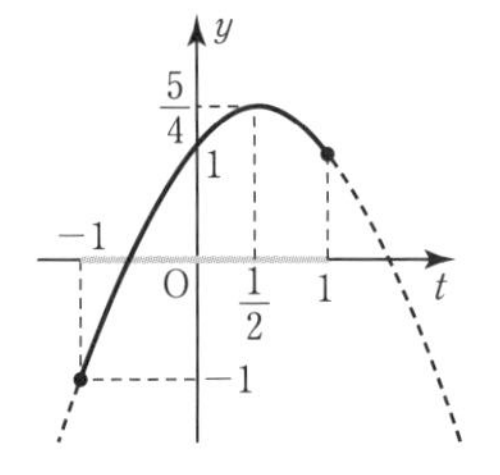


右のグラフより

$t=\dfrac{1}{2}$ のとき最大値 $\dfrac{5}{4}$

このとき，$\cos x=\dfrac{1}{2}$ より $x=60°$

$t=-1$ のとき最小値 $-1$

このとき，$\cos x=-1$ より　$x=180°$

よって

**$x=60°$ のとき　最大値 $\dfrac{5}{4}$**

**$x=180°$ のとき　最小値 $-1$**

⬅

**アドバイス**

- $\sin x$ や $\cos x$ で表された関数は，$\sin x$ か $\cos x$ に統一し，$\sin x=t$ または，$\cos x=t$ とおいて $t$ についての関数で考えるのがよい。
- ただし，$t$ の定義域に注意しよう。$t$ は $\sin x$ や $\cos x$ の代わりだから，とりうる値の範囲が限られる。$x$ の範囲を確認して $t$ の定義域を定めよう。

**これで解決！**

**$\sin x$ や $\cos x$ で表された関数** ➡

- **$\sin x=t$ または $\cos x=t$ とおき $t$ の関数として考える**
- **$t$ の定義域は $\sin x$，$\cos x$ のとりうる範囲 $0° \leqq x \leqq 180°$ のとき $0 \leqq \sin x \leqq 1$，$-1 \leqq \cos x \leqq 1$**

**練習41**　$0° \leqq x \leqq 180°$ のとき，関数 $y=-4\cos^2 x-4\sin x+6$ の最大値と最小値，およびそのときの $x$ の値を求めよ。 〈三重大〉

# 42 三角方程式の解と個数

方程式　$\cos^2 x - 4\sin x + a = 0$（$a$ は定数）が $0^\circ \leqq x \leqq 180^\circ$ において2つの解をもつように定数 $a$ の値の範囲を定めよ。　〈千葉工大〉

**解**

$\cos^2 x - 4\sin x + a = 0$

$(1 - \sin^2 x) - 4\sin x + a = 0$

$\sin^2 x + 4\sin x - 1 = a$　と変形。

ここで，$\sin x = t$　とおく。ただし，

$0^\circ \leqq x \leqq 180^\circ$ より $0 \leqq t \leqq 1$ である。

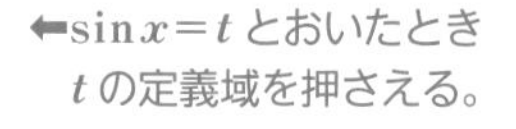


$t^2 + 4t - 1 = a\ (0 \leqq t \leqq 1)$ より

$y = t^2 + 4t - 1$

$= (t+2)^2 - 5$　……①と

$y = a$　……②

のグラフで考える。

①と②の交点が

$0 \leqq t < 1$ の範囲に

1つあればよい。

よって，

右のグラフより

$-1 \leqq a < 4$　のとき

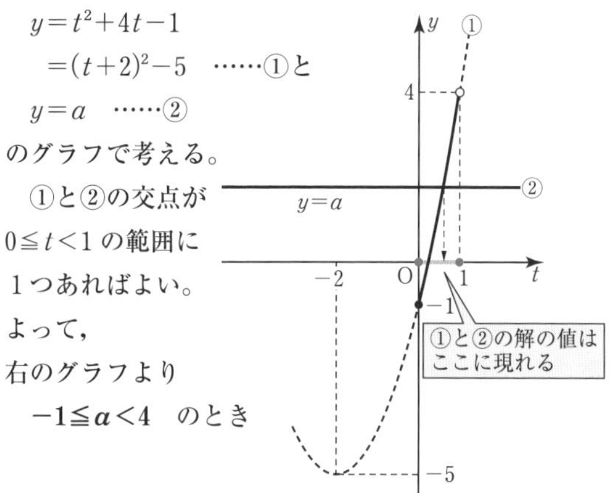


⬅$\sin x = t\ (0 \leqq t < 1)$ のとき $x$ の値は $0^\circ \leqq x \leqq 180^\circ$ の範囲に2つ存在する。

⬅$a = 4$ のときは，$\sin x = 1$ より $x = 90^\circ$ の1つしかない。

**アドバイス**

- 三角方程式の解の個数は，前問の関数の場合と同様 $\sin x$ や $\cos x$ を $t$ におきかえ $t$ の方程式で考える。当然 $t$ の定義域はきちんと押さえておくこと。
- また，大切なことは $\sin x = t$ を満たす $x$ の値は，$0 \leqq t < 1$ のとき $t$ の1つの値に対して1次のように2つでてくることもあるので注意しよう。

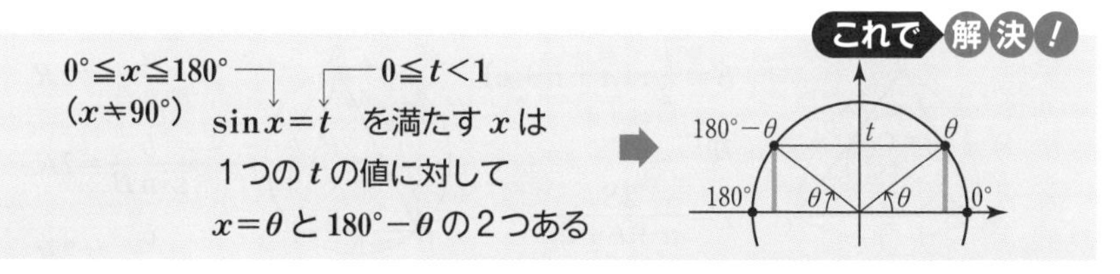


**練習42**　方程式 $\cos^2 x - \sin x + k = 0$（$k$ は定数）の解の個数を $0^\circ \leqq x \leqq 180^\circ$ の範囲で調べよ。　〈日本福祉大〉

# 43 内接円と外接円の半径

△ABC において BC=4，CA=5，AB=6 である。次を求めよ。

(1) $\cos A$，$\sin A$　　(2) △ABC の外接円の半径 $R$

(3) △ABC の面積 $S$　　(4) △ABC の内接円の半径 $r$

〈東京工芸大〉

**解**

(1) $\cos A=\dfrac{5^2+6^2-4^2}{2\cdot5\cdot6}=\dfrac{3}{4}$

$\sin A=\sqrt{1-\cos^2 A}=\sqrt{1-\left(\dfrac{3}{4}\right)^2}=\dfrac{\sqrt{7}}{4}$

(2) $\dfrac{a}{\sin A}=2R$ だから　$R=\dfrac{a}{2\sin A}$

$R=\dfrac{1}{2}\cdot4\cdot\dfrac{4}{\sqrt{7}}=\dfrac{8\sqrt{7}}{7}$

(3) $S=\dfrac{1}{2}\cdot5\cdot6\cdot\sin A=\dfrac{1}{2}\cdot5\cdot6\cdot\dfrac{\sqrt{7}}{4}=\dfrac{15\sqrt{7}}{4}$

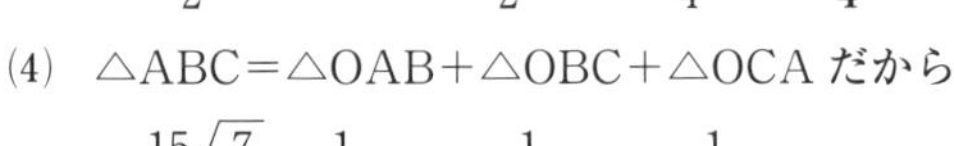

(4) △ABC=△OAB+△OBC+△OCA だから

$\dfrac{15\sqrt{7}}{4}=\dfrac{1}{2}\cdot6\cdot r+\dfrac{1}{2}\cdot4\cdot r+\dfrac{1}{2}\cdot5\cdot r$

$=\dfrac{15}{2}r$　　よって，$r=\dfrac{\sqrt{7}}{2}$

**余弦定理**

$\cos A=\dfrac{b^2+c^2-a^2}{2bc}$

**正弦定理**

$\dfrac{a}{\sin A}=\dfrac{b}{\sin B}=\dfrac{c}{\sin C}=2R$

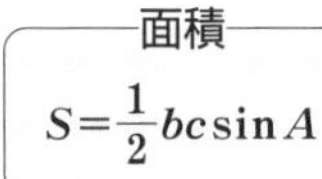

**面積**

$S=\dfrac{1}{2}bc\sin A$

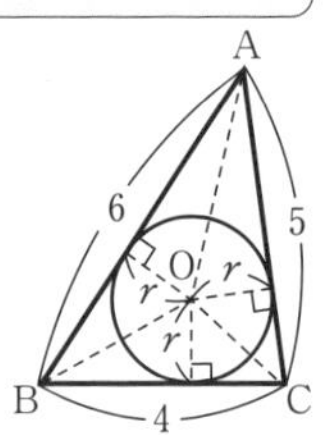


**アドバイス**

内接円や外接円の半径を求める問題で，よく出題される代表的なもの。

- (2)では，外接円の半径が出てくる公式は，正弦定理しかないのだから，外接円ときたら，まず正弦定理を考えること。
- (4)の面積が等しいことを利用して，内接円の半径を求める方法も頻度の高いものだから忘れずに。

内接円の半径 ➡ 面積を利用

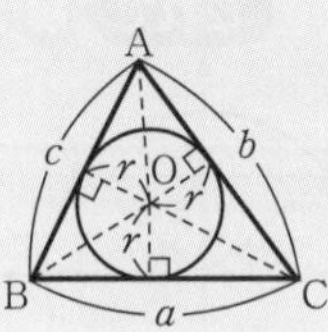


$S=\dfrac{1}{2}r(a+b+c)$

から

$r=\dfrac{2S}{a+b+c}$

外接円の半径 ➡ 正弦定理で

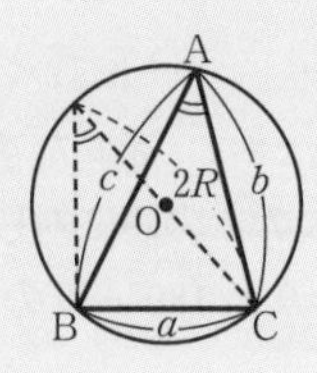


$\dfrac{a}{\sin A}=2R$

$\dfrac{b}{\sin B}=2R$

$\dfrac{c}{\sin C}=2R$

**練習43** △ABC において，$a=7$，$b=8$，$c=9$ のとき

(1) 外接円の半径 $R$ を求めよ。　　(2) △ABC の面積を求めよ。

(3) 内接円の半径 $r$ を求めよ。

〈県立広島女子大〉

# 44 $a:b:c=\sin A:\sin B:\sin C$

△ABCにおいて，$\sin A:\sin B:\sin C=5:6:7$ とする。この三角形の最も大きい角を $\theta$ とするとき，$\cos\theta$ を求めよ。 〈中央大〉

**解** 正弦定理より

$\sin A:\sin B:\sin C=a:b:c$ だから

$a:b:c=5:6:7$

最大角は，最大辺の対角 $C$ だから

$a=5k$，$b=6k$，$c=7k$ とおくと ⬅比の関係は，$k$ を用いて表す。

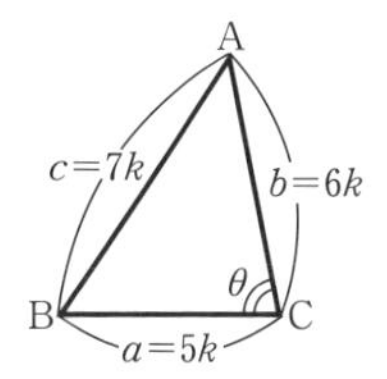


$$\cos\theta=\cos C=\frac{(5k)^2+(6k)^2-(7k)^2}{2\cdot5k\cdot6k}$$

$$=\frac{25k^2+36k^2-49k^2}{60k^2}$$

$$=\frac{12k^2}{60k^2}=\mathbf{\frac{1}{5}}$$

⬅$a=5$，$b=6$，$c=7$ として計算するのは結果は同じでも誤り。(比と長さは別のものだから)

**アドバイス**

- 正弦定理 $\dfrac{a}{\sin A}=\dfrac{b}{\sin B}=\dfrac{c}{\sin C}=2R$

  からわかるように

  $a=2R\sin A$，$b=2R\sin B$，$c=2R\sin C$ だから

  $a:b:c=\sin A:\sin B:\sin C$

  が成り立つ。これは，公式同様に使ってよい。

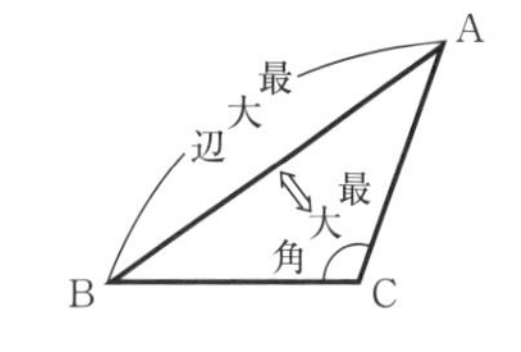


- また，三角形の対応する辺と角の大小は一致することも知っておこう。すなわち，最大辺に対する角が最大角になる。
- さらに，$A<B<C \Longleftrightarrow \begin{cases}\sin A<\sin B<\sin C\\ \cos A>\cos B>\cos C\end{cases}$ も成り立つ。

**三角形の辺と角**

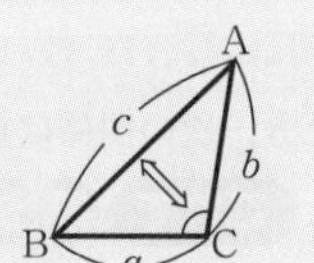


・正弦定理より次が成り立つ

$a:b:c=\sin A:\sin B:\sin C$

・辺と角の大小は一致

$a<b<c \Longleftrightarrow A<B<C$ (最大辺と最大角は向かい合う)

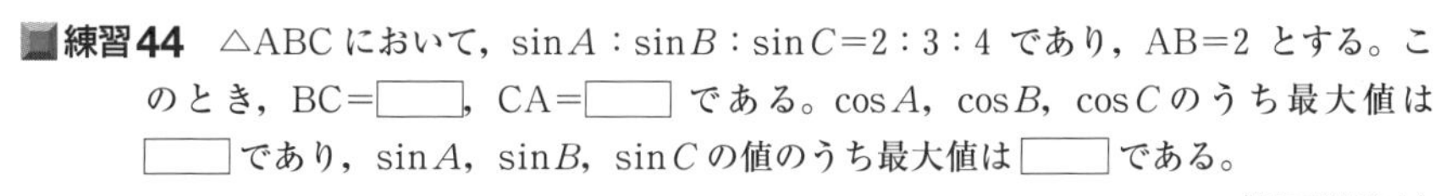

**練習44** △ABCにおいて，$\sin A:\sin B:\sin C=2:3:4$ であり，AB=2 とする。このとき，BC=□，CA=□ である。$\cos A$，$\cos B$，$\cos C$ のうち最大値は□であり，$\sin A$，$\sin B$，$\sin C$ の値のうち最大値は□である。

〈関西学院大〉

## 45 △ABC で ∠A の2等分線の長さ

△ABC において，AB=3，AC=4，∠A=120°，∠A の 2 等分線と BC の交点を D とするとき，AD の長さを求めよ。 〈順天堂大〉

**解** 三角形の面積を考えると，△ABC=△ABD+△ACD

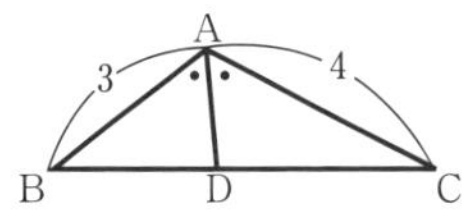


$$\frac{1}{2}\cdot 3\cdot 4\cdot \sin 120^\circ=\frac{1}{2}\cdot 3\cdot \mathrm{AD}\cdot \sin 60^\circ+\frac{1}{2}\cdot 4\cdot \mathrm{AD}\cdot \sin 60^\circ$$

$3\sqrt{3}=\dfrac{7\sqrt{3}}{4}\cdot \mathrm{AD}$　　よって，$\mathrm{AD}=\boldsymbol{\dfrac{12}{7}}$

**アドバイス**

- 線分の長さを求めようとするとき，公式（余弦定理など）が使えないこともある。そんなとき，面積を比較して求められることがある。ぜひ知っておいてほしい。

**△ABC で角の 2 等分線の長さ ➡ 面積を考える**

**練習45** △ABC において，∠A=60°，AB=4，AC=5 とする。∠A の 2 等分線が BC と交わる点を D とするとき，AD の長さを求めよ。 〈甲南大〉

## 46 △ABC で角の2等分線による対辺の比

△ABC で AB=3，AC=2，∠A=60°，∠A の 2 等分線と BC との交点を D とするとき，CD の長さを求めよ。 〈岐阜女子大〉

**解**

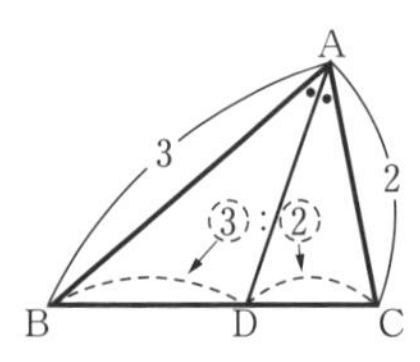


$\mathrm{BC}^2=3^2+2^2-2\cdot 3\cdot 2\cdot \cos 60^\circ$　　⬅余弦定理

$=7$　より　$\mathrm{BC}=\sqrt{7}$

AD が ∠A の 2 等分線だから

AB : AC=BD : DC=3 : 2　　よって，$\mathrm{CD}=\boldsymbol{\dfrac{2\sqrt{7}}{5}}$

**アドバイス**

- △ABC の ∠A の 2 等分線と辺 BC との交点を D とするとき，次の関係は重要。

これで解決!

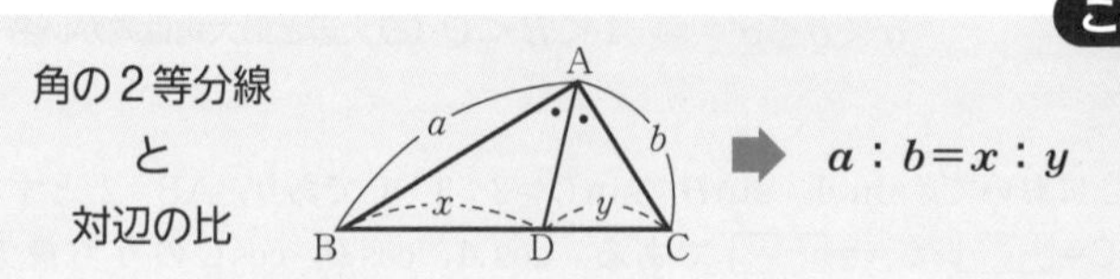


**練習46** △ABC で AB=6，∠BAC=60° とし，∠A の 2 等分線と BC の交点を D とする。△ABD と △ADC の面積比が 3 : 2 のとき，BD=[　　] である。 〈福岡大〉

# 47 覚えておきたい角の関係

(1)　△ABC において，AB=4，AC=6，∠A=60° のとき，頂点 A と辺 BC の中点 M を結ぶ線分 AM の長さを求めよ。

(2)　円に内接する四角形 ABCD があり，AB=1，BC=$\sqrt{2}$，CD=$\sqrt{3}$，DA=2 とする。このとき，$\cos A$ と BD を求めよ。　〈埼玉大〉

**解**

(1)

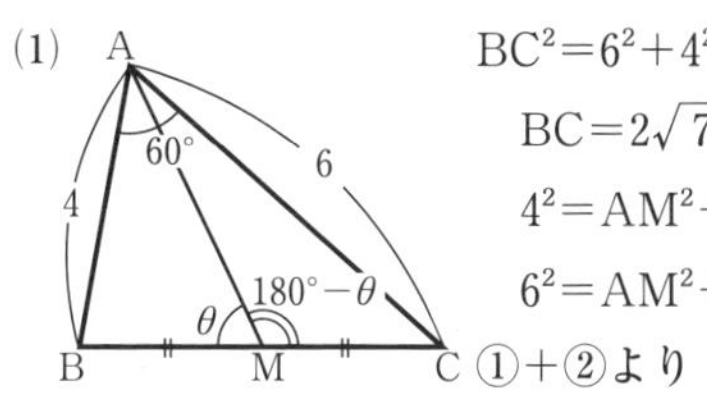


$BC^2=6^2+4^2-2\cdot6\cdot4\cdot\cos60°=28$　⬅余弦定理

$BC=2\sqrt{7}$　$(BM=CM=\sqrt{7})$

$4^2=AM^2+(\sqrt{7})^2-2\cdot AM\cdot\sqrt{7}\cos\theta$　……①

$6^2=AM^2+(\sqrt{7})^2-2\cdot AM\cdot\sqrt{7}\cos(180°-\theta)$　……②

①+②より　⬅$\cos(180°-\theta)=-\cos\theta$

$52=2AM^2+14$　よって，$AM=\sqrt{19}$

(2)

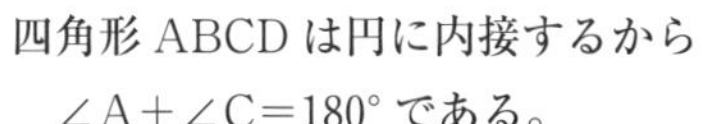

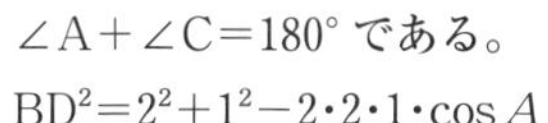

四角形 ABCD は円に内接するから

∠A+∠C=180° である。

$BD^2=2^2+1^2-2\cdot2\cdot1\cdot\cos A$　……①

$BD^2=(\sqrt{2})^2+(\sqrt{3})^2-2\cdot\sqrt{2}\cdot\sqrt{3}\cos(180°-A)$　……②

①=②より　⬅$\cos(180°-A)=-\cos A$

$5-4\cos A=5+2\sqrt{6}\cos A$

よって，$\cos A=0$，$BD=\sqrt{5}$

**アドバイス**

- (1)は中線定理 $AB^2+AC^2=2(AM^2+BM^2)$ を使って求める方法もある。しかし，中線定理を知らなくても，解答のように余弦定理を使って求められる。そのとき，単純なことだが，上図の $\theta$ と $180°-\theta$ の関係を使えるようにしておきたい。
- (2)の円に内接する四角形の向かい合う角の和は 180° である，という定理は，円に内接する四角形の問題では，重要なファクターとなる。

**これで解決！**

この角の関係は図形の問題によく使う ➡

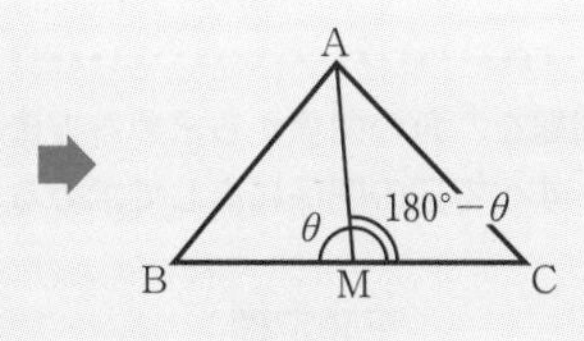


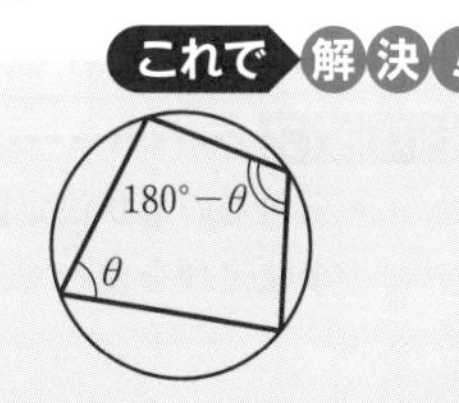


**練習47**　(1)　△ABC の辺 BC の中点を M とする。$AB^2+AC^2=2(AM^2+BM^2)$ であることを証明せよ。　〈明治大〉

(2)　円に内接する四角形 ABCD において，AB=3，BC=6，CD=4，DA=3 である。∠ABC=$\theta$ とすると $\cos\theta$=□ であり，AC=□ である。　〈立教大〉

## 48 $a$, $b$, $c$ が三角形の3辺をなす条件

鈍角三角形の3辺の長さが, $x$, $x+1$, $x+2$ であるとき, $x$ のとりうる範囲は［　　］である。 〈昭和薬大〉

**解**　$x<x+1<x+2$ であり, 3辺が正だから $x>0$　⬅三角形の3辺はすべて正

また, $x+2<x+(x+1)$ より　$x>1$　⬅最大辺<他の2辺の和

最大辺の対角が鈍角になるから

$(x+2)^2>x^2+(x+1)^2$　より　$-1<x<3$　⬅

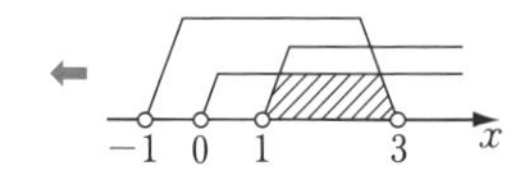


よって, 共通範囲をとって　$\boldsymbol{1<x<3}$

**アドバイス**

- 三角形の3辺については, 3辺が正であることと, 最大辺が他の2辺の和より小さいことを押さえる。最大辺がわからないときは場合分けして考える。

$a$, $b$, $c$ が三角形の3辺 ➡ $a$, $b$, $c>0$, (最大辺)<(他の2辺の和)

**練習48**　3辺の長さが, 3, $x+2$, $3x-2$ である三角形の最大辺が $3x-2$ のとき, ［　　］$\leqq x<$［　　］であり, 最大角が $120^\circ$ のとき, $x=$［　　］である。 〈西南学院大〉

## 49 三角形の形状決定

三角形の3つの角 $A$, $B$, $C$ の間に, $2\sin A\cos B=\sin C$ という関係がある。これはどんな形をしているか。 〈日本医大〉

**解**　$\sin A=\dfrac{a}{2R}$, $\sin C=\dfrac{c}{2R}$, $\cos B=\dfrac{c^2+a^2-b^2}{2ca}$　を代入して

$2\cdot\dfrac{a}{2R}\cdot\dfrac{c^2+a^2-b^2}{2ca}=\dfrac{c}{2R}$ より $c^2+a^2-b^2=c^2$　⬅正弦定理・余弦定理で辺だけの式に

$a=b$　　よって, $\boldsymbol{a=b}$ **の二等辺三角形**

**アドバイス**

- 三角形の形状決定問題を, 角の関係から求める方法もあるが, 多くは正弦定理, 余弦定理を使って, すべて辺の関係に直して求めることができる。

これで解決!

三角形の形状決定は  {正弦定理, 余弦定理} で $a$, $b$, $c$ に “辺化” する

**練習49**　次の等式を満たす三角形の形状をいえ。

(1)　$\sin A=\sin B\cos C$　〈北星学園大〉　(2)　$\dfrac{b}{\cos A}=\dfrac{a}{\cos B}$　〈愛媛大〉

# 50 空間図形の計量

四面体OABCにおいて，OA＝AB＝3，OC＝5，CA＝4，$\angle$OAB＝90°，$\angle$BOC＝45° とする。

(1) BCの長さを求めよ。　(2) $\sin\angle$BACの値を求めよ。

(3) 四面体OABCの体積 $V$ を求めよ。　〈岡山理科大〉

**解**

(1) △OBCにおいて，OB＝$3\sqrt{2}$ だから

$BC^2=(3\sqrt{2})^2+5^2-2\cdot3\sqrt{2}\cdot5\cdot\cos45°$

$=13$　よって，BC＝$\sqrt{13}$

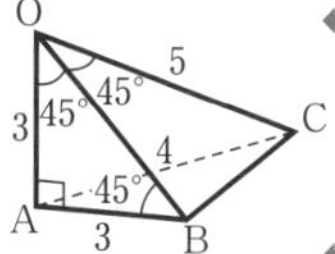


⬅与えられた問題の図をかく。

(2) △ABCにおいて

$\cos\angle BAC=\dfrac{4^2+3^2-(\sqrt{13})^2}{2\cdot4\cdot3}=\dfrac{1}{2}$

$\angle BAC=60°$ だから $\sin\angle BAC=\dfrac{\sqrt{3}}{2}$

⬅四面体を構成しているそれぞれの三角形に注目。

(3) $\triangle ABC=\dfrac{1}{2}\cdot4\cdot3\cdot\sin\angle BAC$

$=\dfrac{1}{2}\cdot4\cdot3\cdot\dfrac{\sqrt{3}}{2}=3\sqrt{3}$

△OACにおいて，OC＝5，AC＝4，OA＝3 より

$OC^2=AC^2+OA^2$ が成り立つ。よって，$\angle OAC=90°$

OA⊥AB，OA⊥AC　だから　OA⊥△ABC

よって，$V=\dfrac{1}{3}\cdot\triangle ABC\cdot OA=\dfrac{1}{3}\cdot3\sqrt{3}\cdot3=3\sqrt{3}$

⬋直線 $l$ と平面 $\alpha$ の垂直

$\left.\begin{array}{l} l\perp m \\ l\perp n \end{array}\right\} \iff l\perp\alpha$

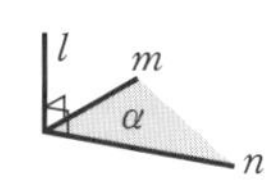


**アドバイス**

- 空間図形といっても，平面図形の集まりである。空間図形を構成している平面図形に着目して，平面図形としてとらえればよい。
- しかし，その前に問題となる空間図形がかけなくては何を考えていいかわからない。大きく，全体がイメージできるような図をかくことが何といっても大切だ！一度や二度でうまくかくことは難しいから，何度かかいてみることだ。

**これで解決！**

空間図形の計量 ➡
- まず，空間図形を“大きく”かく
- 空間図形の中の平面図形を視(み)よ！
- 平面での公式“正弦，余弦，三平方，……”すべて使える

**練習50** 四面体ABCDは AB＝6，BC＝$\sqrt{13}$，AD＝BD＝CD＝CA＝5 を満たしている。

(1) 三角形ABCの面積を求めよ。

(2) 四面体ABCDの体積を求めよ。　〈学習院大〉

# 51 度数分布と代表値

右の表は，15 人のあるゲームの得点をまとめたものである。次の問いに答えよ。

| 得点 | 1 | 2 | 3 | 4 | 5 |
|---|---|---|---|---|---|
| 人数 | 2 | $x$ | 3 | $y$ | 1 |

(1) 平均値が 2.8 のとき，$x$ と $y$ の値を求めよ。

(2) 中央値が 3 のとき，$x$ のとりうる値を求めよ。

(3) 最頻値が 4 のとき，$y$ のとりうる値を求めよ。

**解** (1) データの数は 15 だから

$2+x+3+y+1=15,\quad x+y=9$ ……①　⬅データの総数を押さえる。

平均値が 2.8 だから

$$\frac{1}{15}(1\times2+2x+3\times3+4y+5\times1)=2.8$$

⬅$\bar{x}=\frac{1}{N}(x_1+x_2+\cdots+x_n)$

$16+2x+4y=42,\quad x+2y=13$ ……②

①，②より　$\boldsymbol{x=5,\ y=4}$

(2) データの数が 15 で，中央値が 3 だから

⬅データ数が 15 だから中央値は小さい方からも大きい方からも 8 番目にあるデータである。

$2+x+3\geqq8$ より $x\geqq3$，$1+y+3\geqq8$ より $y\geqq4$

①より $y=9-x\geqq4$　だから　$x\leqq5$

よって，$3\leqq x\leqq5$ より $\boldsymbol{x=3,\ 4,\ 5}$

(3) 最頻値が 4 だから $y\geqq4$ かつ $y>x$ である。

①より $x=9-y<y$　だから　$y>\frac{9}{2}$

よって，$\boldsymbol{y=5,\ 6,\ 7,\ 8,\ 9}$

**アドバイス**

代表値には，次の 3 つがある。

- 平均値：$N$ 個のデータの総和を $N$ で割った値
- 中央値（メジアン）：すべてのデータを大きさの順に並べたとき，その中央にくる値（偶数のときは中央の 2 つの値の平均値）
- 最頻値（モード）：データの値のうち，最も多くある値

**これで解決！**

代表値に関する問題 ➡ ・データの総数を押さえる
・中央値，最頻値はデータ数を不等式で押さえる

**練習51** 右の表は，20 人のあるゲームの得点をまとめたものである。次の問いに答えよ。

| 得点 | 1 | 2 | 3 | 4 | 5 | 6 | 7 |
|---|---|---|---|---|---|---|---|
| 人数 | 1 | 3 | 5 | $x$ | 4 | $y$ | 2 |

(1) 1 ゲーム当たりの得点の平均値が 4 点であるとき，$x$ と $y$ の値を求めよ。

(2) 中央値が 4 点であるとき，$x$ のとりうる値を求めよ。

(3) 最頻値が 3 点であるとき，$x$ のとりうる値を求めよ。

# 52 箱ひげ図

右の箱ひげ図は，30 人に実施した 2 つのテスト A と B の結果である。次の(1)〜(3)は正しいかどうか答えよ。

(1)　四分位範囲が大きいのは A である。

(2)　40 点以下は A の方が多い。

(3)　80 点以上は B の方が多い。

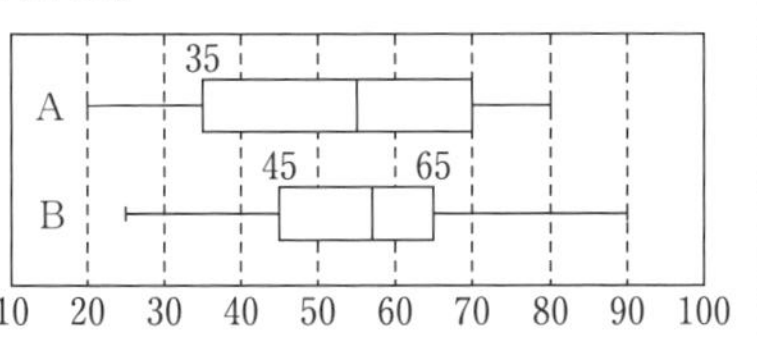


**解**　(1)　A の四分位範囲は　$Q_3-Q_1=70-35=35$　⬅四分位範囲は箱の長さ

B の四分位範囲は　$Q_3-Q_1=65-45=20$

よって，正しい。

(2)　A は $Q_1=35$ だから 40 点以下は 8 人以上いる。　⬅$Q_1$ は小さい方から 8 番目

B は $Q_1=45$ だから 40 点以下は 7 人以下である。

よって，正しい。

(3)　A の最大値の 80 点は 1 人とは限らないし，B の 80 点以上 90 点未満の間に 1 人もいないことも考えられる。

よって，正しいとはいえない。

**アドバイス**

- 箱ひげ図は全体のデータを 25 %ずつ 4 つに分けて視覚化したものである。データのおよその分布状態を比較するのに適している。しかし，箱やひげの中でのデータの偏りは，表していないので注意する。
- 25 %ずつ区分する値を小さい方から $Q_1$，$Q_2$，$Q_3$ とし，$Q_3-Q_1$（四分位範囲），$\frac{Q_3-Q_1}{2}$（四分位偏差）の値が大きいほど散らばりの具合が大きいといえる。

**これで解決！**

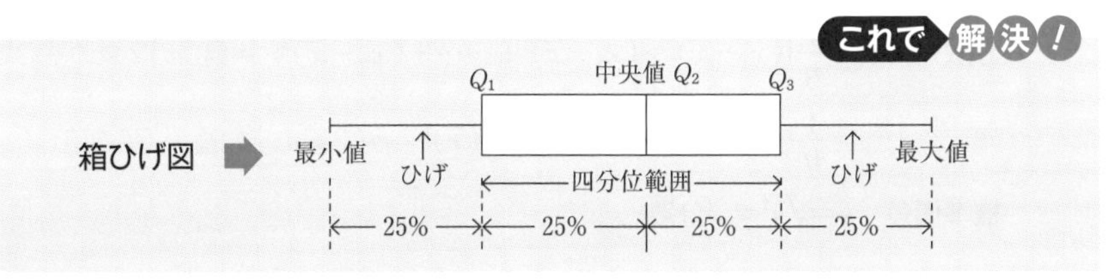


**練習52**　右の箱ひげ図は 50 人に実施した 2 つのテスト A と B の結果である。次の(1)〜(4)について，正しいかどうか理由をつけて答えよ。　〈同志社女大〉

(1)　四分位範囲は A の方が大きい。

(2)　平均点はどちらも同じである。

(3)　70 点以上は A の方が多い。

(4)　30 点台は A，B どちらにも 1 人はいる。

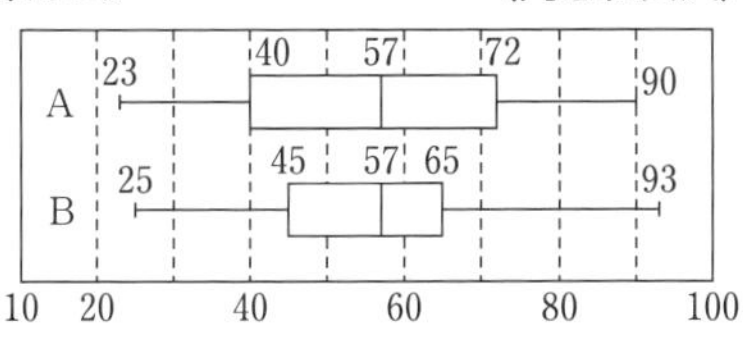

# 53 平均値・分散と標準偏差

右の表は5人のテストの結果である。平均値 $\overline{x}$，分散 $s^2$，標準偏差 $s$ を求めよ。

| 生徒 | A | B | C | D | E |
|---|---|---|---|---|---|
| 得点 | 5 | 8 | 6 | 4 | 7 |

**解** 平均値 $\overline{x}=\frac{1}{5}(5+8+6+4+7)=\frac{30}{5}=\mathbf{6}$（点） ⬅平均値$=\frac{\text{データの総和}}{\text{データの個数}}$

分散 $s^2=\frac{1}{5}\{(5-6)^2+(8-6)^2+(6-6)^2+(4-6)^2+(7-6)^2\}$ ……①

⬉偏差の2乗の平均値

$=\frac{1}{5}(1+4+0+4+1)=\mathbf{2}$

**別解** $s^2=\frac{1}{5}(5^2+8^2+6^2+4^2+7^2)-6^2$ ……② ⬅分散＝(2乗の平均値)－(平均値)$^2$

$=\frac{190}{5}-36=\mathbf{2}$

標準偏差 $s=\sqrt{2}\fallingdotseq\mathbf{1.41}$ ⬅標準偏差$=\sqrt{\text{分散}}$

**アドバイス**

- 平均値，分散または標準偏差は，データの分析では最も大切な指標といえる。平均値は私達が日常使っているので理解できると思う。
- 標準偏差$=\sqrt{\text{分散}}$ は文字通りデータ全体が平均からどれぐらい分散しているかの値で小さいほどデータは平均の近くに集中し，大きいほど平均から散らばっているといえる。
- 分散を求めるには，解の①，別解の②，計算しやすい方のどちらを使ってもよい。$\overline{x}$ が整数のときは①の方が早いことがある。

**平均値：$\overline{x}=\frac{1}{n}(x_1+x_2+\cdots\cdots+x_n)$**

**分散　：$s^2=\frac{1}{n}\{(x_1-\overline{x})^2+(x_2-\overline{x})^2+\cdots\cdots+(x_n-\overline{x})^2\}$** ⬅偏差の2乗の平均値

**$=\frac{1}{n}(x_1{}^2+x_2{}^2+\cdots\cdots+x_n{}^2)-(\overline{x})^2$** ⬅(2乗の平均値)－(平均値)$^2$

**標準偏差：$s=\sqrt{s^2}=\sqrt{\text{分散}}$**

**練習53** (1) 右の表は，5人のテストの結果である。平均値 $\overline{x}$，分散 $s^2$，標準偏差 $s$ を求めよ。

| 生徒 | A | B | C | D | E |
|---|---|---|---|---|---|
| 得点 | 6 | 10 | 4 | 13 | 7 |

(2) 20個のデータがある。そのうちの15個の平均値は10，分散は5であり，残りの5個のデータの平均値は14，分散は13である。このデータの平均値と分散を求めよ。 〈信州大〉

# 54 相関係数

右の表は，5人のテスト $x$ とテスト $y$ の結果である。$x$ と $y$ の平均値と標準偏差は $\overline{x}=6$, $s_x=2$, $\overline{y}=4$, $s_y=\sqrt{2}$ である。このとき，$x$ と $y$ の相関係数を求めよ。〈福岡大〉

| | A | B | C | D | E |
|---|---|---|---|---|---|
| $x$ | 7 | 6 | 9 | 3 | 5 |
| $y$ | 4 | 3 | 6 | 5 | 2 |

**解**　$x$ と $y$ の共分散 $s_{xy}$ は

$$s_{xy}=\frac{1}{5}\{(7-6)(4-4)+(6-6)(3-4)+(9-6)(6-4)+(3-6)(5-4)+(5-6)(2-4)\}$$

⬅ $(x-\overline{x})(y-\overline{y})$ 　（$x$ の平均値）（$y$ の平均値）

同じ人の $x$ と $y$ のデータを順番に入れて計算し，その和を求める。

$$=\frac{1}{5}(6-3+2)=1$$

よって，相関係数 $r$ は

$$r=\frac{s_{xy}}{s_x s_y}=\frac{1}{2\cdot\sqrt{2}}=\frac{\sqrt{2}}{4}\quad(\fallingdotseq 0.35)$$

**アドバイス**

- 相関係数は2つの変量 $x$, $y$ の関係を数値化したものである。その数値化には $x$, $y$ の標準偏差 $s_x$, $s_y$ の他に次の $s_{xy}$ で表される**共分散**という式が加わる。

$$s_{xy}=\frac{1}{n}\{(x_1-\overline{x})(y_1-\overline{y})+(x_2-\overline{x})(y_2-\overline{y})+\cdots\cdots+(x_n-\overline{x})(y_n-\overline{y})\}$$

- 相関係数は次の式で表され，相関係数の値と散布図は次のような傾向になる。およその数値と散布図の関係は出題されることもあるので確認しておくこと。

相関係数 $r=\dfrac{s_{xy}}{s_x s_y}$ ⬅ $x$ と $y$ の共分散：$(x_n-\overline{x})(y_n-\overline{y})$ の平均値 ／ ⬅ $x$ と $y$ の標準偏差の積

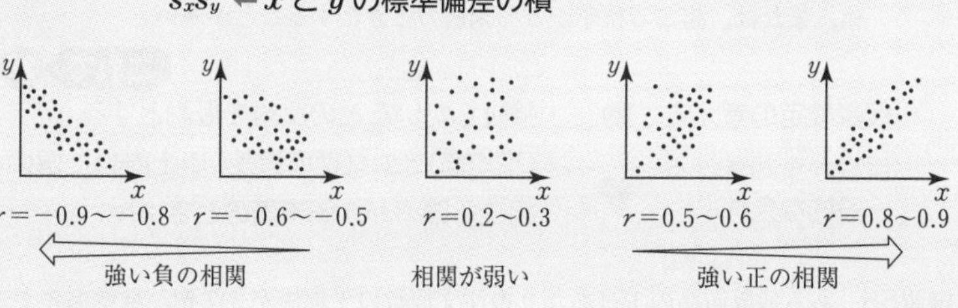


**練習54**　2つの変量 $x$, $y$ のデータが，5個の $x$, $y$ の値の組として右のように与えられているとする。$x$ と $y$ の相関係数を求めよ。〈信州大〉

| $x$ | 12 | 14 | 11 | 8 | 10 |
|---|---|---|---|---|---|
| $y$ | 11 | 12 | 14 | 10 | 8 |

# 55 仮説検定の考え方

ある製品を製造するのに，A 社の機械は 1000 個あたり，不良品の個数の平均値が 10 個，標準偏差が 1.6 個であった。この度，B 社の新型機械で製造したところ，1000 個あたりの不良品が 5 個であった。このとき，A 社の機械より B 社の機械の方が優れているといえるだろうか。棄却域を「不良品の個数が平均値から標準偏差の 2 倍以上離れた値となる」こととして，仮説検定を用いて判断せよ。

**解**　検証したいことは

「A 社の機械より B 社の機械の方が優れている」

かどうかだから

「B 社の方が優れているとはいえない」と仮説を立てる。

棄却域は不良品の個数が

「平均値から標準偏差の 2 倍以上離れた値になること」だから

$10-2\times1.6=6.8$　⬅棄却域を求める。

これより棄却域は 6 個以下だから仮説は棄却される。　⬅不良品は5個だから棄却域に含まれる。

**よって，B 社の機械の方が優れているといえる。**

**アドバイス**

◤仮説検定の考え方◢

- 検証したいことの反対の事柄を仮説にする。
- 立てた仮説が「めったに起こらないこと」なのか，そうでないかで仮説を棄却するか，しないかを判断する。
- めったに起こるか起こらないかの判断は，平均値から標準偏差の 2 倍以上離れた値，または，起こる確率が 5 %未満のときとすることが多い。

仮説検定の考え方  ・検証したいことの反対を仮説とする

仮説が棄却される一般的な条件  ・(平均値)±2×(標準偏差) 以上離れた値のとき
・起こる確率が 5 %未満のとき

**練習55**　ある通販商品の 1 日あたりの注文個数の平均値が 247 個，標準偏差が 15.3 個であった。この度，新しい宣伝を流した結果，1 日あたりの注文個数が次のようになった。このとき，新しい宣伝は効果があったといえるか。棄却域を「1 日あたりの注文個数の平均値から標準偏差の 2 倍以上離れた値となること」として仮説検定せよ。

(1)　280 個の場合　　(2)　270 個の場合

## 56 順列の基本

(1)　5 個の数字 0，1，2，3，4 のうち，相異なる 4 個の数字を用いてできる 4 桁の整数は全部で □ 個である。〈福岡大〉

(2)　SCIENCE という単語の文字をすべて使ってできる順列は，全部で □ 通りある。〈東海大〉

(3)　5 個の数字 1，2，3，4，5 がある。このとき，重複を許してできる 3 桁の整数は □ 個である。〈近畿大〉

**解**

(1)　千の位には 0 以外の数がくるから　4 通り

残りの 3 つの数の並べ方は　${}_4P_3=24$ 通り

よって，$4\times{}_4P_3=4\times24=$**96**（個）

← 0 はこない　□ □ □ □

（別解）${}_5P_4-{}_4P_3=96$（通り）

${}_5P_4$：0 を含めて並べたときの順列

${}_4P_3$：0 がはじめにきたときの順列

(2)　7 個の文字の中に同じ C が 2 個，E が 2 個あるから　$\dfrac{7!}{2!2!}=$**1260**（通り）

(3)　百，十，一の各位には，1 ～ 5 の数がくるから，それぞれ 5 通りある。

よって，$5^3=$**125**（個）

1 ～ 5 の数が入る　□ □ □

**アドバイス**

- 順列の基本公式を確認した問題である。例題を通して公式の使い方をよく理解してほしい。そして，以下のことは順列や組合せを考えるときの最初のステップである。

${}_nP_r$　：異なる $n$ 個のものから $r$ 個とる順列の総数

$\dfrac{n!}{p!q!r!\cdots}$ ：$n$ 個の中に，同じものがそれぞれ $p$ 個，$q$ 個，$r$ 個，……含まれている場合の順列の総数

$n^r$　：異なる $n$ 個のものから，重複を許して $r$ 個とる順列の総数

**これで解決！**

まず確認 ➡ 順列と組合せ ⇢ すべて異なると同じものを含む ⇢ 重複を許すと重複は許さない

**練習56**　(1)　0，1，2，3，4，5 の中から異なる 4 つの数字を使ってつくられる 4 桁の整数は全部で □ 個である。〈玉川大〉

(2)　1，1，1，2，2，3 の 6 個の数字をすべて並べてできる 6 桁の整数のうち，10 万の位が 1 である整数は □ 個ある。〈中部大〉

(3)　互いに異なる 5 個の玉を 2 つの箱 A，B に分けて入れる。A，B の箱にそれぞれ少なくとも 1 個の玉が入る分け方は何通りあるか。〈倉敷芸科大〉

# 57 いろいろな順列

a, b, c, d, e, f, g の7文字を使って，次のように1列に並べる場合の順列の総数を求めよ。

(1) a, b が両端にくるように並べる。

(2) a, b が隣り合うように並べる。

(3) a, b, c がこの順にくるように並べる。〈名古屋学院大〉

(1) 両端に a, b がくるのは $_2P_2$

残りの5文字の並べ方は $_5P_5$

よって，$_2P_2 \times {}_5P_5 = 2 \times 120 = \mathbf{240}$（通り）

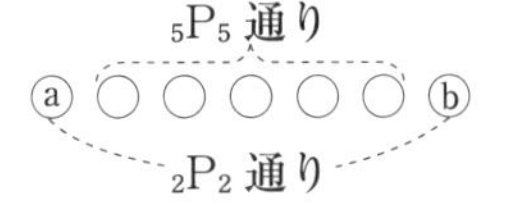


(2) a, b をまとめて1文字とみたときの並べ方は $_6P_6$

ab, ba の入れかえが $_2P_2$

よって，$_2P_2 \times {}_6P_6 = 2 \times 720 = \mathbf{1440}$（通り）

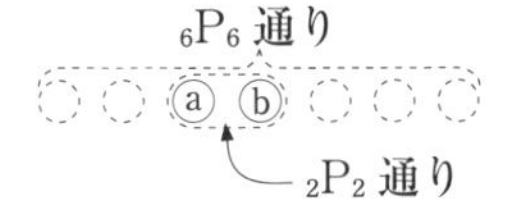


(3) a, b, c を同じもの●として並べた後，●を左から順に a, b, c におきかえればよい。

左から a, b, c と並ぶ

よって，$\dfrac{7!}{3!} = \mathbf{840}$（通り）

**アドバイス**

- 順列の中でも“両端にくる”“隣り合う”は知っておかなければならない代表的なもので，両端にくるものははじめに並べ，隣り合うものは1つにまとめて考える。
- “a, b, c の順にくるように”は，何となく隣り合っている感じがするが，必ずしもそうではないので気をつけよう。また，“b の左に a, b の右に c がくるように”という表現も a, b, c の順と同じ意味なので要注意だ！

・両端にくる ➡ はじめに両端にくるものを並べる

・隣り合う ➡ 隣り合うものをパックして1つにみる

パックの中の入れかえも忘れずに！

・a, b, c の順序が決まっている ➡ a, b, c を同じものとみる

**練習57** 男子4人，女子3人がいる。次の並べ方は何通りあるか。

(1) 男子が両端にくるように，7人が1列に並ぶのは ☐ 通り。

(2) 女子3人が隣り合うように，7人が1列に並ぶのは ☐ 通り。

(3) 男子 A, B, C, D の4人が，この順に並ぶのは ☐ 通り。〈青山学院大〉

## 58 整数をつくる順列

4つの数字0，1，2，3の中から異なる3つの数字を選んで，3桁の数をつくるとする。

(1)　5の倍数は何通りできるか。 (2)　偶数は何通りできるか。

(3)　3の倍数は何通りできるか。　〈龍谷大〉

**解**

(1)　一の位の数が0のときである。

$_3P_2=\mathbf{6}$（通り）

← □□0（$_3P_2$）

(2)　一の位の数が0か2のときである。

2のとき，$_2P_1\times{}_2P_1=4$

(1)の場合と合わせて　$4+6=\mathbf{10}$（通り）

← □□2（$_2P_1$ $_2P_1$）

(3)　各位の数の和が3の倍数になるときであるから(0，1，2)と(1，2，3)の数字を使ってできる数である。

(0，1，2)を使うとき，$_2P_1\times{}_2P_2=4$

(1，2，3)を使うとき，$_3P_3=6$

よって，$4+6=\mathbf{10}$（通り）

←まずはじめに，3の倍数になる組合せを個別にとり出す。

**アドバイス**

- 整数をつくる問題はきわめて多いが，ほとんどが倍数に関連したものである。偶数，奇数はわかっていると思うが，その他の倍数については次の通りである。
- その中でも3の倍数は最も出題される機会が多いので覚えておきたい。(その際，各位の数の和が3の倍数になる組を手作業で洗い出すので覚悟しておく。)

**これで解決！**

**3で割り切れる数……各位の数の和が3で割り切れる**
**4で割り切れる数……下2桁が4で割り切れる**
**5で割り切れる数……一の位の数が0か5**
**9で割り切れる数……各位の数の和が9で割り切れる**

**練習58** (1)　6個の数字0，1，2，3，4，5を用いてつくられる3桁の整数のうち，5の倍数になる整数の個数を$N$とする。同じ数字を重複して用いてもよい場合は$N=$□，重複を許さない場合は$N=$□である。　〈大阪電通大〉

(2)　6個の数字1，2，3，4，5，6から異なる3個を選んで3桁の整数をつくる。

(ア)　全部で□個でき，そのうち偶数は□個，奇数は□個である。

(イ)　9の倍数は□個，3の倍数は□個，4の倍数は□個である。

〈千葉工大〉

# 59 円順列

(1) hokusei の 7 文字を円形に並べる並べ方は何通りか。〈北星学園大〉

(2) 4 組の夫婦が円卓を囲む。各夫婦は隣り合ってすわるものとする。このようなすわり方は何通りか。〈津田塾大〉

(3) 男子 4 人，女子 3 人がいる。女子の両隣りには男子がくるように 7 人が円周上に並ぶ並べ方は何通りか。〈青山学院大〉

**解**

(1) 1 文字を固定すれば，残り 6 文字の順列を考えればよい。

よって，$_6P_6=\mathbf{720}$（通り）

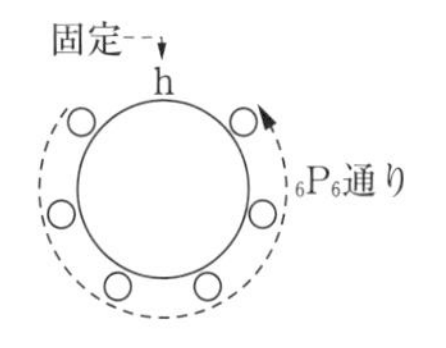


(2) 1 組の夫婦を固定すれば，残り 3 組の夫婦の並べ方は $_3P_3$

4 組の夫婦の入れかえが $2^4$ 通り。

よって，$_3P_3\times 2^4=\mathbf{96}$（通り）

(3) まず，男子 4 人を円形に並べる並べ方は 1 人を固定して $_3P_3$

男子の間に 3 人の女子を入れればよいから その並べ方は $_4P_3$

よって，$_3P_3\times{}_4P_3=6\times 24=\mathbf{144}$（通り）

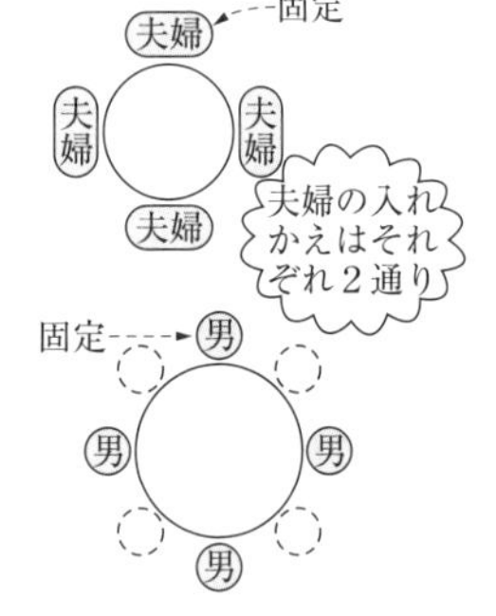


**アドバイス**

- 円順列の基本は，最初に 1 つを固定することである。1 つを固定すれば，あとは普通に 1 列に並べることを考えればよい。
- 2 人が向かい合う場合は，向かい合う 2 人を固定して，残りを並べればよい。
- このとき，向かい合う 2 人を入れかえて数えると，ダブって数えることになるから注意する。

**これで解決！**

円順列 ➡
- まず，１つを固定する
- 特定の２人が向き合う場合，２人の入れ替えはしない

**練習59** 両親と 4 人の子供（息子 2 人，娘 2 人）が手をつないで輪をつくるとき

(1) 6 人の並び方は全部で何通りあるか。

(2) 両親が隣り合う並び方は何通りあるか。

(3) 両親が正面に向き合う並び方は何通りあるか。

(4) 男性と女性が交互に並ぶ並び方は何通りあるか。〈岐阜女子大〉

# 60 組合せの基本

10 人の生徒の中から 7 人を選ぶ。特定の 2 人をともに含むような選び方は全部で ☐ 通りある。また，特定の 2 人のうち少なくとも一方の生徒を含むような選び方は ☐ 通りある。〈日本大〉

**解** 10 人から特定の 2 人を除いた 8 人から 5 人を選べばよいから

$${}_8C_5=\frac{8\cdot7\cdot6}{3\cdot2\cdot1}=\mathbf{56}\ (通り)$$

←特定の 2 人は始めから除いて（既に選ばれている）考える。

10 人から 7 人を選ぶ総数から，特定の 2 人が選ばれない場合を除けばよい。

10 人から 7 人を選ぶのは

$${}_{10}C_7=\frac{10\cdot9\cdot8}{3\cdot2\cdot1}=120\ (通り)$$

特定の 2 人が選ばれない場合は，特定の 2 人を除いた 8 人から 7 人を選べばよいから

${}_8C_7=8$ (通り)

よって，$120-8=\mathbf{112}$ (通り)

**${}_nC_r$**
異なる $n$ 個のものから $r$ 個とる組合せ

**アドバイス**

- 組合せの問題で，特定のものが選ばれたり，選ばれなかったりする場合がある。その場合は，特定のものをはじめから除いて考える。
- 少なくとも……は，補集合の考え方を利用するのが一般的だ。……以上，……以下も，どっちを求めた方が簡単になるか確かめるとよい。

**これで解決！**

必ず { 選ばれる / 選ばれない } 特定のもの ➡ はじめから除外して考える

少なくとも～を 1 つ含む ➡ (全体の総数)－(～を含まない数)

**練習 60** 男子 8 人，女子 4 人の計 12 人から 6 人を選んで A グループとし，残りの 6 人を B グループとする。次の問いに答えよ。

(1) A グループがすべて男子となるようなグループ分けの方法は ☐ 通り。

(2) A グループ B グループどちらにも，女子が 2 人入るようなグループ分けの方法は ☐ 通り。

(3) A グループに特定の女子 1 人が入るようなグループ分けの方法は ☐ 通り。

(4) A グループ B グループのどちらにも，女子が少なくとも 1 人は入るようなグループ分けの方法は ☐ 通り。〈関西学院大〉

# 61 組の区別がつく組分けとつかない組分け

12 冊の異なる本を次のように分ける方法は何通りあるか。

(1) 5 冊，4 冊，3 冊の 3 組に分ける。

(2) 4 冊ずつ 3 人の子供に分ける。

(3) 4 冊ずつ 3 組に分ける。

(4) 8 冊，2 冊，2 冊の 3 組に分ける。 〈東京理科大〉

**解**

(1) 12 冊から 5 冊選ぶ方法は ${}_{12}C_5$

残りの 7 冊から 4 冊選ぶ方法は ${}_7C_4$，残りの 3 冊は自動的に決まる。

よって，${}_{12}C_5 \times {}_7C_4 \times 1 = \mathbf{27720}$（通り）

(2) 3 人の子供を A，B，C とすると

A に 4 冊選ぶ方法は ${}_{12}C_4$

B に 4 冊選ぶ方法は ${}_8C_4$

C の 4 冊は自動的に決まる。

よって，${}_{12}C_4 \times {}_8C_4 \times 1 = \mathbf{34650}$（通り）

(3) (2)で A，B，C の区別をなくすと，同じ分け方が ${}_3P_3 = 3!$ 通りでてくる。

よって，${}_{12}C_4 \times {}_8C_4 \times 1 \div 3! = \mathbf{5775}$（通り）

(4) 8 冊，2 冊，2 冊に分けると，2 冊の組は区別がつかない。

よって，${}_{12}C_8 \times {}_4C_2 \times 1 \div 2! = \mathbf{1485}$（通り）

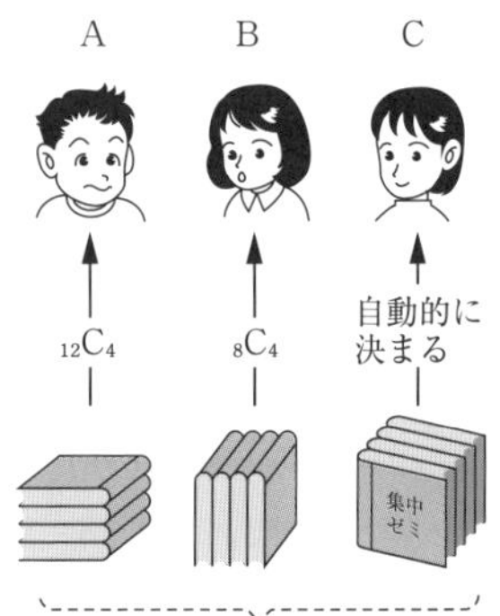


A，B，C の区別をなくすと，同じ分け方が ${}_3P_3 = 3!$ 通りでてくる。

**アドバイス**

- 組分けの問題では，組の区別がつくかどうかが point になる。(1)では冊数が 5 冊，4 冊，3 冊と異なるので数の違いによる組の区別ができる。(2)は同じ 4 冊であっても，どの子供に分けるかで区別がつく。
- (3)は冊数が同じなので組の区別はつかない。(4)では 2 冊，2 冊の組だけが区別がつかない。このような場合は，区別のつかない組の数の階乗で割ることになる。

**これで解決！**

組分け
- 組の区別がつく ➡ ${}_nC_r$ で順次選んでいけばよい
- 組の区別がつかない ➡ ${}_nC_r$ で順次選んでいき，それから組の区別がつかない数の階乗で割る

**練習61** 10 人の生徒を次のように分ける方法は何通りあるか。

(1) 7 人，3 人のグループに分ける。 (2) 5 人，3 人，2 人のグループに分ける。

(3) 4 人，3 人，3 人のグループに分ける。

(4) 1 人を除き，残り 9 人を 3 人ずつ 3 つのグループに分ける。 〈広島県立女大〉

# 62 並んでいるものの間に入れる順列

(1) 男子3人，女子5人が1列に並ぶとき，男どうしが隣り合わないような並び方は全部で□通りある。　〈立教大〉

(2) 青球7個と赤球4個を，両端が青球で，赤球の両側は青球であるように並べる並べ方は□通りである。　〈東京電機大〉

**解** (1) 5人の女子の並べ方は $_5P_5$

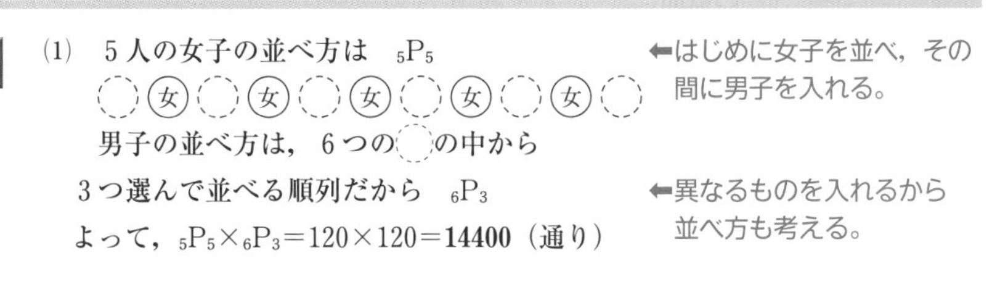

男子の並べ方は，6つの◯の中から3つ選んで並べる順列だから $_6P_3$

よって，$_5P_5 \times {}_6P_3 = 120 \times 120 =$ **14400**（通り）

⬅はじめに女子を並べ，その間に男子を入れる。

⬅異なるものを入れるから並べ方も考える。

(2) 青球7個の並べ方は1通りしかない。

両端が青球で，赤球の両側が青球だから，上図の◯の6か所から4か所選んで赤球を入れればよい。

よって，$_6C_4 =$ **15**（通り）

⬅同じものを入れるから場所だけ決めればよい。

**アドバイス**

- 並んでいるものの間に，別のものを入れて並べる場合，それぞれ異なるものを入れるのか，同じものを入れるのかによって違う。
- 同じものを入れる場合は，場所だけ選べばよいから $_nC_r$ でいい。
- 異なるものを入れる場合は選んだ場所とそこに入れる順列も関係するから $_nP_r$ で，これは $\underset{選んで}{_nC_r} \times \underset{並べる}{r!} = \underset{順列}{_nP_r}$ ということだ。

**これで解決！**

並んでいるものの間に入れる順列

異なるものが間に入る ➡ $_nP_r$ で並べたのと同じ

同じものが間に入る ➡ $_nC_r$ で position を決定

**練習62** (1) 1から7までの7個の数字を1列に並べるとき，奇数どうしが隣り合わない並べ方は□通り，偶数どうしが隣り合わない並べ方は□通りである。　〈青山学院大〉

(2) 白8個，黒5個の碁石を1列に並べるのに，

(ア) 黒石どうしが隣り合わないように並べる並べ方は何通りか。

(イ) 黒石が4個または5個続かないようにする並べ方は何通りか。　〈東北学院大〉

# 63 最短経路の道順

右の図のような道路において，AからBへ行く最短の道順のうち，PまたはQを通る道順は何通りあるか。〈千葉大〉

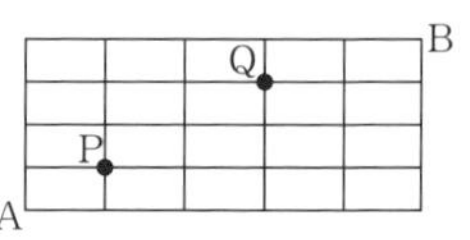


**解** A〜P〜Bの道順は

$2\times\dfrac{7!}{4!3!}=70$（通り） ……①

A〜Q〜Bの道順は

$\dfrac{6!}{3!3!}\times\dfrac{3!}{2!1!}=60$（通り） ……②

A〜P〜Q〜Bの道順は

$2\times\dfrac{4!}{2!2!}\times\dfrac{3!}{2!1!}=36$（通り） ……③

A〜Bの道順
Pを通る　Qを通る
①　③　②
PもQも通る

よって，求める道順は

①＋②－③＝70＋60－36＝**94**（通り） ⬅$n(P\cup Q)=n(P)+n(Q)-n(P\cap Q)$

**アドバイス**

- 最短経路の道順は，順列，確率のテーマとして出題率の高いものである。最短経路の総数を求める公式は，下の式を使えばよいから難しくはない。
- 道順の数え上げに「PまたはQを通る：$n(P\cup Q)$」，「PもQも通る：$n(P\cap Q)$」，「Pは通るがQは通らない：$n(P\cap \overline{Q})$」のような集合の考え方など，別の要素が入ってくるので油断はできない。
- なお，通れない道がある場合は，そこが通れるものと考え，後からその道を通る道順を引けばよい。

**これで解決！**

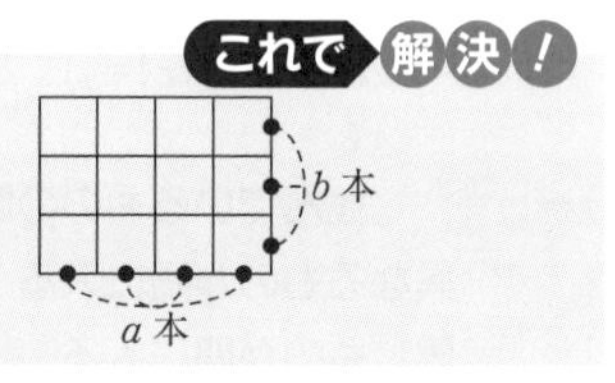


**最短経路の道順** ➡ $\dfrac{(a+b)!}{a!b!}={}_{a+b}\mathrm{C}_a={}_{a+b}\mathrm{C}_b$

**練習63** 右図のような市街路において，A点からB点まで最短距離で行くことを考える。このとき，次の道順は何通りあるか。

(1) 全部の道順
(2) P点を通る道順
(3) P点とQ点の両方通る道順
(4) P点を通って，Q点は通らない道順
(5) P点もQ点も通らない道順 〈関西学院大〉

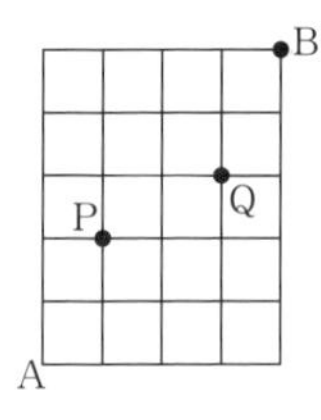

# 64 重複順列と重複組合せの違い

(1)　異なる5冊の本を，A，B，Cの3人に分配する方法は何通りあるか。ただし，1冊も分配されない人があってもよい。〈中央大〉

(2)　5個の白球をA，B，Cの3人に分配する方法は何通りあるか。ただし，1個も分配されない人があってもよい。〈昭和薬大〉

(1)　1冊の本について，A，B，Cの3人に分配できるから3通り。他の4冊についても同様だから

$3\times3\times3\times3\times3=3^5=\mathbf{243}$（通り）

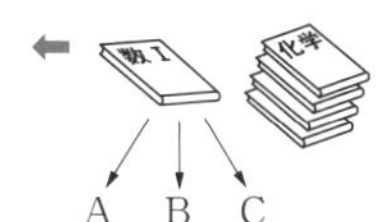


(2)　5個の○ ○ ○ ○ ○と2本の仕切り❙❙を合わせて並べ，次のように A，B，C に分配すればよい。

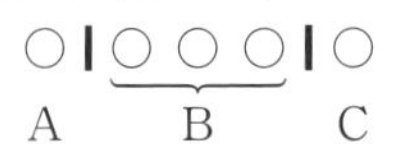


例えば次の場合は
○ ○❙❙○ ○ ○
A＝2，B＝0，C＝3
となる。

よって，$\dfrac{(5+2)!}{5!2!}=\dfrac{7\cdot6}{2\cdot1}=\mathbf{21}$（通り）　⬅同じものを含む順列：$\dfrac{n!}{p!q!r!}$

**アドバイス**

• (1)は異なる5種類のものを3人に分配する重複順列（公式：$n^r$）。
(2)は同じものを3人に分配する重複組合せ。
(1)は少し考えればわかるが，(2)はどのように求めるのか一度考え方を理解しておかないと解けないやっかいなもの。

• そこで，例題(2)を基本例として，次のように覚えておけばよい。
区別のつかないもの（白球）を，区別のつく人たち（A，B，C）に配るとき，配る白球と同じ数だけの○と配られる人（A，B，C）の数より1つ少ない数の❙を用意して並べる。このとき，「同じものを含む順列」として計算すればよい。

**これで解決！**

重複組合せ ➡ **重複を許して** $n$ 種類のものから $r$ 個取る重複組合せは

❙❙❙……❙ ＋ ○ ○ ○……○

$n-1$ 本の❙と $r$ 個の○を合わせてシャッフル！

$n-1$ 個と $r$ 個の同じものを含む順列で ➡ $\dfrac{(n+r-1)!}{(n-1)!r!}={}_{n+r-1}\mathrm{C}_r$

**練習64**　(1)　9人が無記名で3人A，B，Cのうちの1人に必ず投票するとき，開票結果は何通りあるか求めよ。〈広島工大〉

(2)　$x+y+z+w=18$，$x\geqq8$，$y\geqq4$，$z\geqq2$，$w\geqq0$ を満たす整数$(x,\ y,\ z,\ w)$の組の個数は[　　]個である。〈早稲田大〉

# 65 組合せの図形への応用

正八角形の3つの頂点を結んでできる三角形は全部で何個あるか。また，そのうち二等辺三角形でも直角三角形でもないものは何個あるか。 〈近畿大〉

右図の正八角形で，8つの頂点から3つを選んで線で結べば三角形が1個できる。

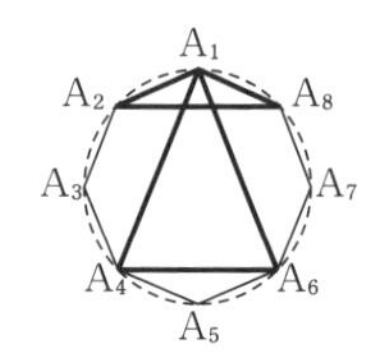


よって，$_8C_3=\dfrac{8\cdot7\cdot6}{3\cdot2\cdot1}=$**56**（個）

直角でない二等辺三角形は1つの頂点Aに対して2個できるから全部で　$8\times2=16$（個）

直角三角形は，$A_1A_5$ に対して6個できる。

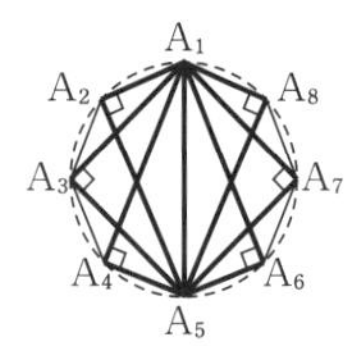


$A_2A_6$，$A_3A_7$，$A_4A_8$ についても同様だから

$4\times6=24$（個）

よって，$56-(16+24)=$**16**（個）

**アドバイス**

- 図形を題材にした組合せの問題では，どのようにすると図形ができるのかを覚えておかないと画一的に $_nC_r$ では求められない場合も多い。
- 例題以外にも次の考え方は知っておきたい。さらに，条件に適するものを1つ1つ“もれなく”，“ダブらず”数え上げることもあるので，思ったほど楽ではない。

**これで解決！**

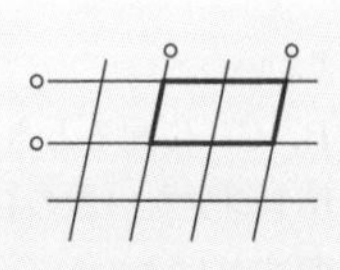

縦2本，横2本を選べば1つの平行四辺形ができる

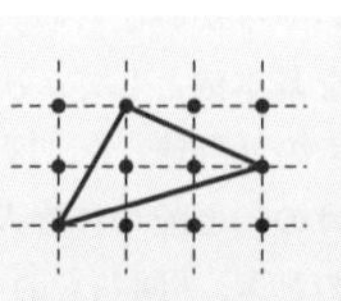

同一直線上にない3点を選べば三角形が1つできる

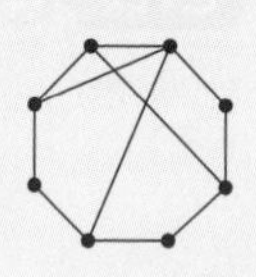

2頂点を選べば対角線が1本引ける（多角形の辺は除く）

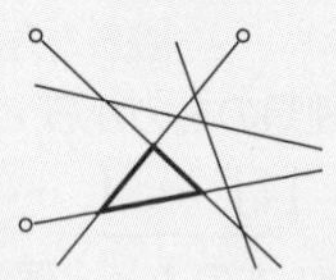

3本の直線を選べば三角形が1つできる（ただし，どの2直線も平行でなく，どの3直線も1点で交わらないとき）

**練習65**　正十二角形Dの3つの頂点を結んでできる三角形を考える。

(1) 三角形は全部で何個あるか。
(2) Dと2辺を共有するものは何個あるか。
(3) Dと1辺のみを共有するものは何個あるか。
(4) 直角三角形は何個あるか。
(5) 鈍角三角形は何個あるか。
(6) 鋭角三角形は何個あるか。

〈近畿大〉

# 66 確率と順列

袋の中に1から7までの数字を記入した7枚のカードが入っている。この袋の中から5枚をとり出し5桁の整数をつくる。この整数が53000より大きい確率は［　　］である。また，偶数と奇数が交互に並んだ整数ができる確率は［　　］である。〈福岡大〉

**解** つくられる整数は全部で　$_7P_5=2520$（通り）　⬅まず全事象の総数を求める。

53000より大きい数字は次の通り。

(i) 3，4，6，7のどれか（4通り）

$_5P_3$ ← 5と◯以外の5個から3個とる順列

5◯◯◯◯

$4\times{}_5P_3=4\times60=240$（通り）

(ii)

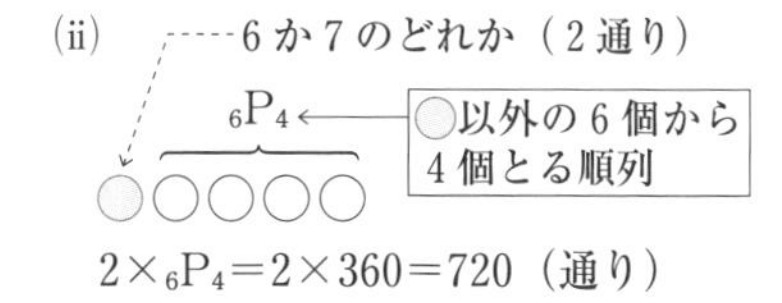


$2\times{}_6P_4=2\times360=720$（通り）

よって，$\dfrac{4\times{}_5P_3+2\times{}_6P_4}{_7P_5}=\dfrac{960}{2520}=\mathbf{\dfrac{8}{21}}$

偶数と奇数が交互に並ぶのは，次の(i)，(ii)のパターンがある。

(i)

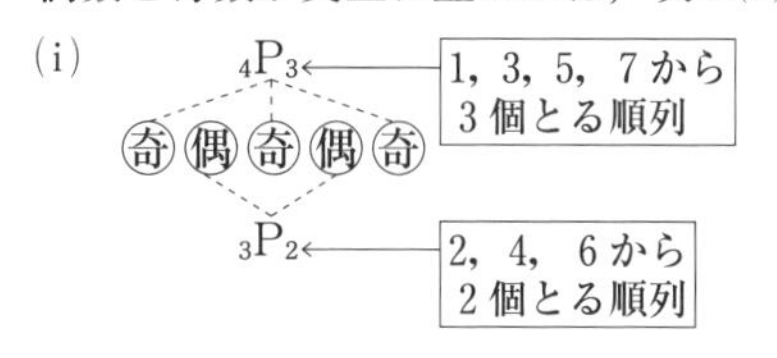


$_4P_3\times{}_3P_2=24\times6=144$（通り）

(ii)

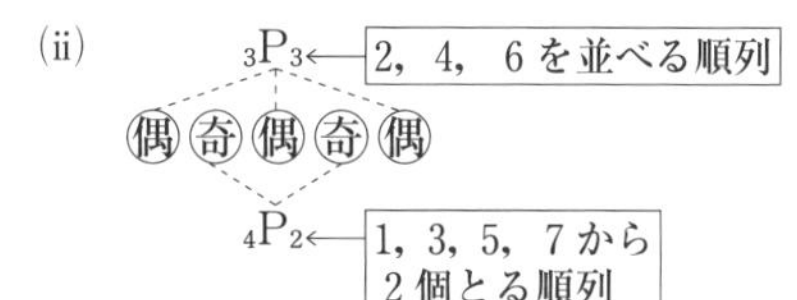


$_3P_3\times{}_4P_2=6\times12=72$（通り）

よって，$\dfrac{_4P_3\times{}_3P_2+{}_3P_3\times{}_4P_2}{_7P_5}=\dfrac{144+72}{2520}=\dfrac{216}{2520}=\mathbf{\dfrac{3}{35}}$

**アドバイス**

- 事象 $A$ の起こる確率は，起こりうる場合の総数と事象 $A$ の起こる場合の数との割合である。当然のことながら順列（$_nP_r$）や組合せ（$_nC_r$）の考え方がbaseになるが，この問題の(i)，(ii)のように個別のパターンを考えさせることが多い。

**これで解決！**

確率 $P(A)=\dfrac{\text{事象}A\text{の起こる場合の数}}{\text{起こりうる場合の総数}}$ ➡ 順列，組合せの公式を適用する前に個別のパターンを考える

**練習66**　1から9までの番号がかかれたカードがそれぞれ1枚ずつある。この9枚のカードをよくきって重ねた後，上から3枚のカードを順に左から並べて，3桁の数をつくる。このとき，次の問いに答えよ。

(1) 3桁の数が500以上である確率を求めよ。

(2) 3桁の数が500以上の偶数である確率を求めよ。〈千葉大〉

## 67 確率と組合せ

赤玉が5個，白玉が4個，青玉が3個入った袋がある。この袋から玉を同時に3個取り出すとき，次の確率を求めよ。

(1) 3個とも同じ色である。

(2) 3個の色がすべて異なる。〈京都教育大〉

**解** 合わせて12個から3個取り出す総数は

${}_{12}C_3=220$（通り）

←まず，全事象の総数を求める。

(1) 赤が3個取り出されるとき ${}_5C_3=10$（通り）

白が3個取り出されるとき ${}_4C_3=4$（通り）

青が3個取り出されるとき ${}_3C_3=1$（通り）

←同じ色の玉でも，すべて異なるものとして数え上げる。

よって，$\dfrac{{}_5C_3+{}_4C_3+{}_3C_3}{{}_{12}C_3}=\dfrac{15}{220}=\mathbf{\dfrac{3}{44}}$

(2) 赤玉，白玉，青玉が1個ずつ取り出される場合だから

${}_5C_1\times{}_4C_1\times{}_3C_1=60$（通り）

よって，$\dfrac{60}{220}=\mathbf{\dfrac{3}{11}}$

**アドバイス**

- この問題のように，同じものをとり出す場合でも，確率を求める場合は同じものでもすべて異なるものとして考えるのが基本である。それは確率は，求めようとする事象 $A$ と全事象との根元事象の数の割合を表したものだからだ。
- また，玉をとり出す場合1個ずつとり出す場合でも，順序を考慮しなければ，一度に取り出す組合せと同じになり，${}_nC_r$ で処理することになる。（順序を考慮すれば ${}_nP_r$ である）

確率の計算では ➡
- 同じものでもすべて異なるものとして扱う
- 順序を考慮しなければ ${}_nC_r$
- 順序を考慮すれば ${}_nP_r$

**練習67** 赤球4個，黒球3個，白球3個が入った箱から球をいくつか取り出す。次の問いに答えよ。

(1) 3個同時に取り出すとき，次の確率を求めよ。

(i) 3個とも同色になる確率。

(ii) 3個とも異なる色になる確率。

(2) 2個同時に取り出すとき，2個とも異なる色になる確率を求めよ。

(3) 4個同時に取り出すとき，3色すべて取り出される確率を求めよ。〈宮城大〉

# 68 余事象の確率

ある受験生がA，B，C 3つの大学の入学試験を受ける。これらの大学に合格する確率はそれぞれ $\frac{3}{4}$，$\frac{3}{5}$，$\frac{2}{3}$ とするとき，少なくとも1つに合格する確率を求めよ。　〈近畿大〉

**解**　A，B，Cの大学に合格する確率をそれぞれ
$P(A)$，$P(B)$，$P(C)$ とすると，不合格になる確率は　⬅「不合格になる」事象は「合格する」事象の余事象

$P(\overline{A})=1-\frac{3}{4}=\frac{1}{4}$

$P(\overline{B})=1-\frac{3}{5}=\frac{2}{5}$　⬅(不合格になる確率)＝1−(合格する確率)

$P(\overline{C})=1-\frac{2}{3}=\frac{1}{3}$

全部不合格になる確率は

$P(\overline{A})\cdot P(\overline{B})\cdot P(\overline{C})=\frac{1}{4}\times\frac{2}{5}\times\frac{1}{3}=\frac{1}{30}$　⬅同時に起こる排反事象の確率

よって，少なくとも1つに合格する確率は　⬅「少なくとも1つに合格する」事象は「全部不合格である」事象の余事象

$1-\frac{1}{30}=\mathbf{\frac{29}{30}}$

**アドバイス**

- 余事象の確率の考え方は次のような関係とともに理解しておくとよい。
  (少なくとも1本当たる確率)＝1−(全部はずれる確率)
  (～以上になる確率)＝1−(～より小さくなる確率)
- ある事象の確率を求めようとするとき，その事象になる場合分けが3つ以上に及ぶときは，余事象を考えることをすすめる。

**これで解決！**

余事象の確率
$P(\overline{A})=1-P(A)$ ➡
・少なくとも……
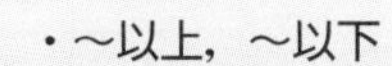
・～以上，～以下
・場合分けが3つ以上
は余事象の確率を考えよ

**練習68** (1)　弓で的を射るとき，Aが命中させるのは5回に3回，Bが命中させるのは7回に4回である。A，Bともに射るとき，2人とも的に命中させる確率は□，少なくとも1人が的に命中させる確率は□である。　〈城西大〉

(2)　1から10までの番号の書かれた10枚のカードから同時に3枚とり出したとき，カードに書かれた3つの数字の積が3の倍数になる確率を求めよ。　〈津田塾大〉

## 69 続けて起こる場合の確率

10本のうち2本の当たりくじがあるくじで，A，B，Cの3人がこの順にくじを引くものとする。ただし，くじはもとに戻さない。

(1) A，Bがともに当たる確率は［　　］である。

(2) Bが当たる確率は［　　］である。

(3) Cだけが当たる確率は［　　］である。　〈広島工大〉

(1) Aが当たる確率は $\frac{2}{10}$，続けてBが当たる確率は $\frac{1}{9}$

よって，$\frac{2}{10}\times\frac{1}{9}=\mathbf{\frac{1}{45}}$

**続けて起こる確率**
試行 $T_1$，$T_2$ の結果の事象 $A_1$，$A_2$ が続けて起こる確率は
$P(A_1)\times P(A_2)$

(2) (i) Aが当たり，Bが当たる場合。(Cは無関係)
これは(1)の場合である。

(ii) Aがはずれ，Bが当たる場合。(Cは無関係)

$\frac{8}{10}\times\frac{2}{9}=\frac{8}{45}$

(i)，(ii)は互いに排反だから

$\frac{1}{45}+\frac{8}{45}=\mathbf{\frac{1}{5}}$

⬅$A$，$B$ が互いに独立試行であるとき
$P(A\cup B)=P(A)+P(B)$

(3) A，Bがはずれ，Cが当たる場合であるから

$\frac{8}{10}\times\frac{7}{9}\times\frac{2}{8}=\mathbf{\frac{7}{45}}$

**アドバイス**

- くじを続けて引くときの確率のように，ある試行を続けて行う場合，1回の試行ごとに根元事象が変わることがある。
- そんなときの確率の計算は，条件付き確率 (p. 71) になるが，基本的には，その回ごとの確率を掛けていけばよい。

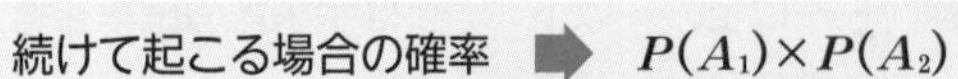


続けて起こる場合の確率 ➡ $P(A_1)\times P(A_2)$
（はじめに $A_1$，続けて $A_2$ が起こる確率）

**練習69**　赤球4個と白球6個の入った袋から2個の球を同時にとり出し，その中に赤球が含まれていたら，その個数だけさらに袋から球をとり出す。

(1) とり出した赤球の総数が2である確率を求めよ。

(2) とり出した赤球の総数が，とり出した白球の総数を超える確率を求めよ。

〈熊本大〉

## 70 ジャンケンの確率

3人でジャンケンをし，勝ち残った1人を決める。このとき，次の確率を求めよ。ただし，負けた人は次回から参加できない。

(1)　1回目のジャンケンで1人が決まる確率およびあいこになる確率

(2)　2回目のジャンケンで勝ち残った1人が決まる確率　〈岩手大〉

**解**　3人でジャンケンをするとき，手の出し方は

$3^3=27$（通り）　⬅3人は，グー，チョキ，パーの3通り出せる。（重複順列 $n^r$）

(1)　1人が勝つのは，

[3人] [グー，チョキ，パーの3通り]

$3\times3=9$（通り）　よって，$\dfrac{9}{27}=\dfrac{\mathbf{1}}{\mathbf{3}}$

あいこになるのは，3人がグー，チョキ，パーの

(i)　それぞれ異なるものを出すとき，　${}_3P_3=6$（通り）

(ii)　いずれか同じものを出すとき，　3（通り）

⬅A　B　C　○　○　○　グー，チョキ，パーを並べると考える。

よって，$\dfrac{6+3}{27}=\dfrac{\mathbf{1}}{\mathbf{3}}$

(2)　[1回目あいこ] [2回目1人が勝つ] [1回目2人が勝つ] [2回目2人のうち1人が勝つ]

$\dfrac{1}{3}\times\dfrac{1}{3}+\dfrac{1}{3}\times\dfrac{2\times3}{3^2}=\dfrac{\mathbf{1}}{\mathbf{3}}$

⬅（2人が勝つ）＝（1人が負ける）＝$\dfrac{1}{3}$

⬅$\dfrac{2\times3}{3^2}$　←（2人）×（グー，チョキ，パー）　←2人の出し方

**アドバイス**

• ジャンケンに関する確率の問題はよく出題されるテーマであり，次のことはあらかじめわかっていることなので覚えておくとよいだろう。
例えば，A，B 2人のジャンケンなら
“Aが勝つ”“Bが勝つ”“あいこ”になる確率はどれも $\dfrac{1}{3}$ である。

• そして，A，B，C 3人の場合は次のようになる。

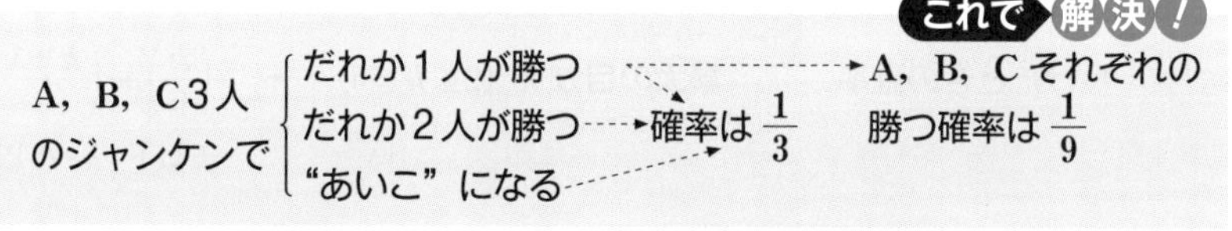


注　だれか1人が勝つことと，特定のAさんが勝つ場合を混同しないように。

**練習70**　A，B，Cの3人がジャンケンをして，勝者1人を選ぶ。3人あいこならばジャンケンをくり返し，2人勝ちならば勝った2人で決戦をするものとする。このとき，次の確率を求めよ。

(1)　Aが1回目で優勝する　　(2)　Aが2回目で優勝する

(3)　3回目で勝者が1人に決まる　　(4)　3回終わっても勝者が決まらない

〈青山学院大〉

# 71 さいころの確率

3 個のさいころを同時に投げるとき，次の問いに答えよ。

(1) 少なくとも 2 個が同じ目である確率は ☐ である。〈福井工大〉

(2) 最大の目が 4 である確率は ☐ である。〈近畿大〉

**解** (1) すべて異なる目が出る確率は

$$\frac{{}_6P_3}{6^3}=\frac{120}{216}=\frac{5}{9}$$

${}_6P_3$ で 3 個の数字を並べると考える

少なくとも 2 個が同じ目である事象はすべて異なる目の余事象だから

⬅ (少なくとも 2 個が同じ確率) = 1 − (すべて異なる確率)

$$1-\frac{5}{9}=\mathbf{\frac{4}{9}}$$

(2) [3 個とも 1 ～ 4 のいずれかの目] − [3 個とも 1 ～ 3 のいずれかの目] = [少なくとも 1 個は 4 の目が出る]

$$\left(\frac{4}{6}\right)^3-\left(\frac{3}{6}\right)^3=\frac{64-27}{216}=\mathbf{\frac{37}{216}}$$

**アドバイス**

- すべて異なる目が出る確率は，右のように，1 個ずつ，それぞれの確率を考えて，続けて起こる確率の計算でも求められる。
- また，3 個のさいころを同時に投げることと，1 個のさいころを続けて 3 回投げることとは，確率を考える場合は同じである。

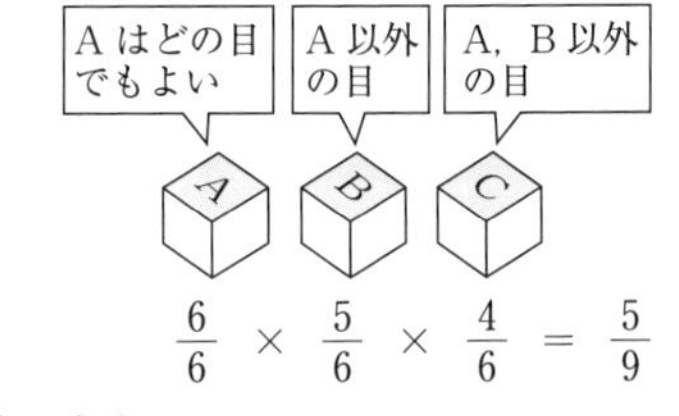


- なお，出る目の最大値が $k$ である確率は次の式で求まる。
  ($k$ 以下の確率)−($k-1$ 以下の確率)

**これで解決！**

$r$ 個のさいころを投げたときの確率 ➡
- すべて異なる目が出る ----→ ${}_6\mathbf{P}_r$ で数を並べる
- 最大の目が $k$ $(2\leqq k\leqq 6)$ ----→ $\left(\frac{k}{6}\right)^r-\left(\frac{k-1}{6}\right)^r$
  $k$ 以下　$k-1$ 以下

**練習71** (1) 5 個のさいころを投げるとき，すべて異なる目が出る確率は ☐ であり，少なくとも 2 個が同じ目である確率は ☐ である。〈中央大〉

(2) 3 個のさいころを同時に投げる。このとき，出る目の最小値が 2 以上である確率は ☐ であり，出る目の最小値がちょうど 2 である確率は ☐ である。〈慶応大〉

# 72 反復試行の確率

表の出る確率が $\frac{2}{3}$，裏の出る確率が $\frac{1}{3}$ のコインがある。このコインを5回投げたとき，次の確率を求めよ。

(1)　表が2回，裏が3回出る。　(2)　表が2回以上出る。　〈近畿大〉

**解**　(1)　5回投げて表が2回　裏が3回出るから

$${}_5C_2\left(\frac{2}{3}\right)^2\left(\frac{1}{3}\right)^3=\frac{10\times4}{3^5}=\mathbf{\frac{40}{243}}$$

←1 2 3 4 5
○表○○表
5回のうち表が2回出る場合の数は，5回のうち2回を選ぶ ${}_5C_2$ 通り。

(2)　表が1回も出ないのは $\left(\frac{1}{3}\right)^5=\frac{1}{243}$

表が1回出るのは ${}_5C_1\left(\frac{2}{3}\right)\left(\frac{1}{3}\right)^4=\frac{10}{243}$

表が2回以上出るのは $1-\frac{1}{243}-\frac{10}{243}=\mathbf{\frac{232}{243}}$

←余事象の確率を利用
(2回以上出る確率)
=1−(1回以下の確率)

**アドバイス**

- コインやさいころ等で，同じ試行を何回もくり返す試行を反復試行という。
  $n$ 回の試行で（例題では5回の試行）
  　確率 $p$ である事象が $r$ 回
  　確率 $1-p$ である事象が $n-r$ 回
  起こる確率は ${}_nC_rp^r(1-p)^{n-r}$ で表される。
- $p^r(1-p)^{n-r}$ はすぐ思いつくが，$n$ 回のうち $r$ 回起こる起こり方が ${}_nC_r$ 通りあることを忘れがちだから十分気をつけてほしい。

| 1 | 2 | 3 | 4 | 5 |
|---|---|---|---|---|
| ○ | ○ | ● | ● | ● |
| ○ | ● | ○ | ● | ● |
| ⋮ | ⋮ | ⋮ | ⋮ | ⋮ |
| ● | ● | ● | ○ | ○ |

${}_5C_2$ 通り　確率はどれも $\left(\frac{2}{3}\right)^2\left(\frac{1}{3}\right)^3$

○表，●裏

**これで解決！**

反復試行の確率 ➡ $n$ 回の試行で，確率 $p$ である事象が $r$ 回起こる → ${}_nC_rp^r(1-p)^{n-r}$

**練習72**　(1)　赤球と白球がそれぞれ4個ずつ入った袋から1個取り出してもとに戻すことを4回行うとき，3回以上赤球が出る確率は［　　］である。　〈東洋大〉

(2)　数直線上を動く点Pが原点にある。さいころを1回投げて，2以下の目が出たときは正の向きに1，3以上の目が出たときは負の向きに2だけ進む。

(ア)　さいころを3回投げたとき，点Pが原点にくる確率は［　　］である。

(イ)　さいころを5回投げたとき，点Pの座標が −4 または 2 になる確率は［　　］である。　〈早稲田大〉

# 73 $n$ 回目で終わる確率

A，Bの2人があるゲームを行い，どちらかが4勝したとき終了する。引き分けはなく，A，Bどちらが勝つ確率も $\frac{1}{2}$ とする。

(1) ちょうど5回目で終わる確率を求めよ。

(2) ちょうど6回目でAが勝って終わる確率を求めよ。 〈法政大〉

**解** (1) Aが勝つ場合

4回目終了時点でAが3勝1敗で，5回目にAが勝てばよい。

反復試行の確率
$_nC_r p^r(1-p)^{n-r}$

$$\underbrace{{}_4C_3\left(\frac{1}{2}\right)^3\left(\frac{1}{2}\right)}_{\text{4回でAが3勝1敗}}\times\underbrace{\frac{1}{2}}_{\text{5回目にAが勝つ}}=\frac{1}{8}$$

Bが勝つ場合もあるから $\frac{1}{8}+\frac{1}{8}=\mathbf{\frac{1}{4}}$

←勝つ確率がAもBも $\frac{1}{2}$ なので，条件は同じである。

(2) 5回目終了時点でAが3勝2敗で，6回目にAが勝てばよい。

$$\underbrace{{}_5C_3\left(\frac{1}{2}\right)^3\left(\frac{1}{2}\right)^2}_{\text{5回でAが3勝2敗}}\times\underbrace{\frac{1}{2}}_{\text{6回目にAが勝つ}}=\frac{10}{2^6}=\mathbf{\frac{5}{32}}$$

**アドバイス**

- 反復試行の確率では $n$ 回目で終わる確率を求めさせる問題がよくある。$n$ 回目で終了する確率を考えるとき，point は，$(n-1)$ 回目が終わった時点でどのような状況になっていればよいかである。
- それを明らかにして，その確率に $n$ 回目に起こる確率を掛ければよい。

**これで解決！**

$n$ 回目で終わる確率 ➡ $(n-1)$ 回目が終わった時点で，“あと一歩”
そして，$n$ 回目で決着

**練習73** A，B2人が何回か試合を行い，どちらか先に3勝した方を優勝とする。Aが勝つ確率もBが勝つ確率も $\frac{1}{2}$ とし，引き分けはないものとする。次の問いに答えよ。

(1) Aが3勝1敗で優勝する確率は［　　］である。

(2) 優勝が決まるまでに試合が5回行われる確率は［　　］である。 〈青山学院大〉

# 74 右（回り），左（回り）に動く点

1辺の長さが1の正方形ABCDがある。いま，頂点Aに点Pがあり，さいころを投げて1または2の目が出たら右回りに，それ以外の目が出たら左回りにそれぞれ1だけ進む。5回投げた後，点PがDにある確率を求めよ。　〈日本大〉

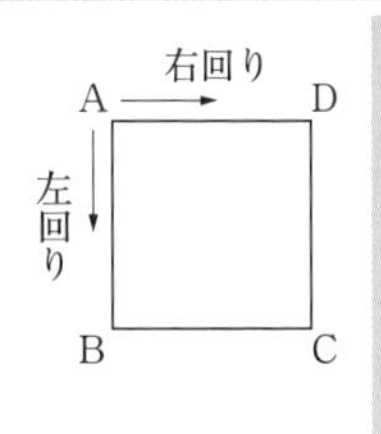


**解**　右に回る確率は $\frac{1}{3}$，左に回る確率は $\frac{2}{3}$ である。

右回りを正，左回りを負とする。

右に $x$ 回とすると，左には $(5-x)$ 回 $(0 \leqq x \leqq 5)$ 動くから

点Pは　$1 \cdot x + (-1) \cdot (5-x) = 2x-5$　だけ進む。

さらに，$2x-5=4k+1$（$k$ は整数）のときDにくるから

$-5 \leqq 2x-5 \leqq 5$　より　$2x-5=-3,\ 1,\ 5$　⬅$0 \leqq x \leqq 5$ だから $-5 \leqq 2x-5 \leqq 5$ である。

ゆえに　$x=1,\ 3,\ 5$

よって，${}_5\mathrm{C}_1\left(\frac{1}{3}\right)^1\left(\frac{2}{3}\right)^4 + {}_5\mathrm{C}_3\left(\frac{1}{3}\right)^3\left(\frac{2}{3}\right)^2 + {}_5\mathrm{C}_5\left(\frac{1}{3}\right)^5$

［右に1回，左に4回］［右に3回，左に2回］［右に5回］

$=\frac{80}{3^5}+\frac{40}{3^5}+\frac{1}{3^5}=\boldsymbol{\frac{121}{243}}$

**アドバイス**

- ある試行によって，点Pが多角形の頂点や数直線上を動く問題は，左右の動きとその確率を押える。
- 次に，右に何回，左に何回動けば目的となる点に到達するか考える。回数が少ないときは，1回，2回，……と具体的に調べればよい。
- しかし，回数が多いときは，$n$ 回の試行のうち，右に $x$ 回，左に $(n-x)$ 回動くとして式をつくり，目的の点に到達する $x$ を求める。それから反復試行の確率の考えを適用することはいうまでもない。

**右（回り），左（回り）に動く点の $n$ 回の試行後に到達する目的地** ➡ **右に $x$ 回 $(0 \leqq x \leqq n)$，左に $(n-x)$ 回 として到達**

**練習74**　原点を出発して数直線上を移動する点Pがある。さいころを1回投げて，奇数の目が出たらPは正の向きに3だけ進み，偶数の目が出たらPは負の方向に2だけ進む。さいころを10回投げたとき，Pが原点にある確率を求めよ。　〈関西大〉

# 75 反復試行の確率 $p_n$ の最大値

1つのさいころを続けて50回投げたとき，6の目が $k$ 回出る確率を $p_k$ とする。次の問いに答えよ。

(1) $p_k$，$p_{k+1}$ を求めよ。

(2) $p_k$ を最大にする $k$ の値を求めよ。 〈福井大〉

**解**

(1) $p_k={}_{50}\mathrm{C}_k\left(\frac{1}{6}\right)^k\left(\frac{5}{6}\right)^{50-k}$，$p_{k+1}={}_{50}\mathrm{C}_{k+1}\left(\frac{1}{6}\right)^{k+1}\left(\frac{5}{6}\right)^{49-k}$

←$n$ 回中 $r$ 回起こる反復試行の確率 ${}_n\mathrm{C}_r p^r(1-p)^{n-r}$

(2) $p_k<p_{k+1}$ $(0\leqq k\leqq 49)$ を満たす $k$ の範囲を求める。

$$\frac{50!}{k!(50-k)!}\left(\frac{1}{6}\right)^k\left(\frac{5}{6}\right)^{50-k}<\frac{50!}{(k+1)!(49-k)!}\left(\frac{1}{6}\right)^{k+1}\left(\frac{5}{6}\right)^{49-k}$$

$$\frac{1}{50-k}\cdot\frac{5}{6}<\frac{1}{k+1}\cdot\frac{1}{6}$$

←$(k+1)!=(k+1)\cdot k!$
$(50-k)!=(50-k)\cdot(49-k)!$
$\left(\frac{5}{6}\right)^{50-k}=\frac{5}{6}\cdot\left(\frac{5}{6}\right)^{49-k}$

$5(k+1)<50-k$　より　$k<7.5$

よって，$p_0<p_1<p_2<\cdots<p_7<p_8$ ……①

←$k=0\sim7$ までは $p_k<p_{k+1}$ が成り立つ。

また，$p_k>p_{k+1}$ を満たす $k$ の範囲は

$k>7.5$

よって，$p_8>p_9>\cdots>p_{49}>p_{50}$ ……②

←$k=8\sim49$ までは $p_k>p_{k+1}$ が成り立つ。

①，②より

$$p_0<p_1<p_2<\cdots<p_7<p_8>p_9>\cdots>p_{50}$$

ゆえに，$p_k$ を最大にするのは $\boldsymbol{k=8}$

**アドバイス**

- 反復試行の確率 $p_k$ の最大値を求めるには，$k$ 回起こる確率 $p_k$ と $(k+1)$ 回起こる確率 $p_{k+1}$ について，次の不等式で求める。
- $p_k<p_{k+1}$　では，$k$ 回より $(k+1)$ 回の方が確率は大きく
  $p_k>p_{k+1}$　では，逆に確率は小さくなっていく。
  この分岐点が $p_k$ の確率を最大にするところになる。

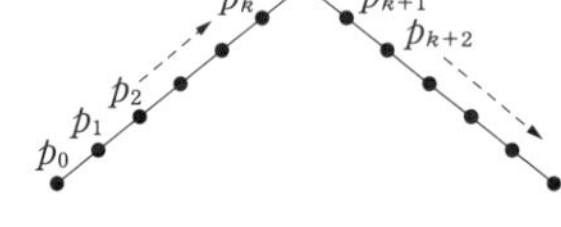


これで解決！

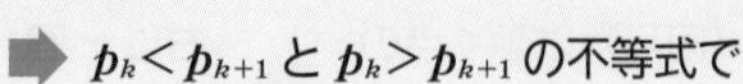
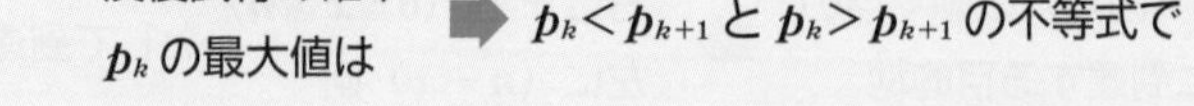

反復試行の確率 $p_k$ の最大値は ➡ $p_k<p_{k+1}$ と $p_k>p_{k+1}$ の不等式で

**練習75** 1つのさいころを100回投げるとき，1の目がちょうど $k$ 回出る確率を $p_k$ とする。

(1) $p_k$，$p_{k+1}$ $(0\leqq k\leqq 99)$ を求めよ。

(2) $p_k$ を最大とする $k$ の値を求めよ。 〈信州大〉

# 76 条件付き確率

白球3個，赤球5個が入った袋の中から1球ずつ続けて2回とり出すとき，1回目が白球である事象を $A$，2回目が赤球である事象を $B$ とする。このとき，次の確率を求めよ。ただし，球はもとに戻さない。

(1)　$P_A(B)$　　　　(2)　$P_{\overline{A}}(B)$

**解**

(1)　$n(A)$ は1回目が白球で，2回目は何色でもよいから

$$n(A)=3\times7=21$$

$n(A\cap B)$ は1回目が白球で，2回目は赤球だから　$n(A\cap B)=3\times5=15$

よって，$P_A(B)=\dfrac{n(A\cap B)}{n(A)}=\dfrac{15}{21}=\boldsymbol{\dfrac{5}{7}}$

⬅(別解)　1回目に白球が出た後の袋の中は，白球2個，赤球5個

よって，$P_A(B)=\dfrac{5}{7}$

1回目に白球

$P_A(B)=\dfrac{5}{7}$

この状態で赤球を取り出す確率

(2)　$n(\overline{A})$ は1回目が赤球で，2回目は何色でもよいから　$n(\overline{A})=5\times7=35$

$n(\overline{A}\cap B)$ は1回目が赤球で，2回目も赤球だから　$n(\overline{A}\cap B)=5\times4=20$

よって，$P_{\overline{A}}(B)=\dfrac{n(\overline{A}\cap B)}{n(\overline{A})}=\dfrac{20}{35}=\boldsymbol{\dfrac{4}{7}}$

⬅(別解)　$\overline{A}$ は赤球が出ることだから1回目に赤球が出た後の袋の中は白球3個，赤球4個

よって，$P_{\overline{A}}(B)=\dfrac{4}{7}$

**アドバイス**

- 条件付き確率 $P_A(B)$ は，$A$ が起こった後の状態を base（全事象）としたときの $B$ の起こる確率である。
- $A$ と $B$ が独立な場合に同時に起こる確率 $P(A)\times P(B)$ と $P_A(B)$ の違いを理解してほしい。

なお，条件付き確率の公式は次の式である。

条件付き確率 ➡ $P_A(B)=\dfrac{n(A\cap B)}{n(A)}=\dfrac{P(A\cap B)}{P(A)}$

- $B$ が起こる確率
- $A$ が起こった条件のもとで
- $A$ と $B$ が同時に起こる確率（分子）
- $A$ が起こる確率（分母）

条件付き確率の公式から $\boldsymbol{P(A\cap B)=P(A)\cdot P_A(B)}$（確率の乗法定理）が導ける。

**練習76**　さいころを2回投げ，1回目に出た目を $m$，2回目に出た目を $n$ とする。

(1)　$9\leqq m+n\leqq11$ となる確率は［　　］である。

(2)　$m$ が $1\leqq m\leqq4$ を満たすとき，$9\leqq m+n\leqq11$ となる条件付き確率は［　　］である。

〈上智大〉

# 77 ある事象が起こった原因の確率

2つの箱 A, B があり，箱 A には白球2個と黒球6個，箱 B には白球6個と黒球2個が入っている。さいころを投げて，5以上の目が出たら A の箱から，それ以外は B の箱から球を1個取り出すとき，

(1) 取り出した球が白球である確率を求めよ。

(2) 取り出した白球が A の箱から取り出された確率を求めよ。

〈日本大〉

**解** A の箱を選ぶ事象を $A$，B の箱を選ぶ事象を $B$，白球を取り出す事象を $W$ とすると

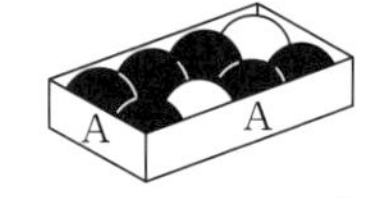


(1) $P(A)=\dfrac{1}{3}$，$P(B)=\dfrac{2}{3}$

$$P(A)\cdot P_A(W)=\frac{1}{3}\times\frac{2}{8}=\frac{1}{12}$$

$$P(B)\cdot P_B(W)=\frac{2}{3}\times\frac{6}{8}=\frac{1}{2},\quad P(W)=\frac{1}{12}+\frac{1}{2}=\mathbf{\frac{7}{12}}$$

(2) 求める確率は $P_W(A)$ である。 ⬅ $P_W(A)$（A の箱が選ばれる確率，白球が取り出された条件で）

$$P_W(A)=\frac{P(A\cap W)}{P(W)}=\frac{P(A)\cdot P_A(W)}{P(W)}=\frac{\frac{1}{12}}{\frac{7}{12}}=\mathbf{\frac{1}{7}}$$

⬅ $P(A)\cdot P_A(W)=P(A\cap W)$ は箱 A で白球が出る確率　$P(W)$ は全体で白球の出る確率

**アドバイス**

• 結果からその原因となる確率を求める問題で，事象 $A$ と $B$ のどちらかを原因として事象 $W$ が起こるとき，$W$ が起こった原因が $A$ である確率は次の式で表される。

$$P_W(A)=\frac{P(W\cap A)}{P(W)}=\frac{P(A)\cdot P_A(W)}{P(A)\cdot P_A(W)+P(B)\cdot P_B(W)}\quad \text{（ベイズの定理）}$$

• すなわち，事象 $W$ の起こった原因が $A$ である確率は

（$A$ で $W$ が起こる確率）:（全体で $W$ が起こる確率） の比の値である。

事象 $W$ の起こった原因が $A$ である確率 ➡ $\dfrac{A\text{ で }W\text{ が起こった確率}}{\text{全体で }W\text{ が起こった確率}}$

**練習77** 3つの箱 A，B，C があり，A には黒球3個と白球2個，B には黒球1個と白球5個，C には黒球2個と白球 2個が入っている。3つの箱から1つの箱を選び，選んだ箱から球を1つ取り出す。取り出した球が黒球であるとき，選んだ箱が A である確率を求めよ。

〈東京女子大〉

# 78 期待値

さいころを投げることをくり返し，出た目の和が4以上になったら終わることにする。

(1)　1回投げて終わる確率と2回投げて終わる確率を求めよ。

(2)　終わるまで投げる回数の期待値を求めよ。　〈新潟大〉

**解**　$n$ 回投げて終わる確率を $p_n$ とする。

(1)　1回で終わるのは，4，5，6が出たときで　$p_1=\frac{3}{6}=\mathbf{\frac{1}{2}}$

2回で終わるのは，次の15通りだから

| 1回目の目 | 1 | 2 | 3 |
|---|---|---|---|
| 2回目の目 | 3～6 | 2～6 | 1～6 |
| 和が4以上 | 4通り | 5通り | 6通り |

$p_2=\frac{15}{6^2}=\mathbf{\frac{5}{12}}$

(2)　4回で終わるのは，1，1，1と3回続けば4回目で必ず終わるから

$p_4=\frac{1}{6^3}=\frac{1}{216}$　また，$p_1+p_2+p_3+p_4=1$ だから　⬅$p_3=1-(p_1+p_2+p_4)$ として求められる。

$p_3=1-\left(\frac{1}{2}+\frac{5}{12}+\frac{1}{216}\right)=\frac{17}{216}$

よって，期待値は右の表から

$1\times\frac{1}{2}+2\times\frac{5}{12}+3\times\frac{17}{216}+4\times\frac{1}{216}=\mathbf{\frac{343}{216}}$

| 回数 | 1 | 2 | 3 | 4 | 計 |
|---|---|---|---|---|---|
| 確率 | $\frac{1}{2}$ | $\frac{5}{12}$ | $\frac{17}{216}$ | $\frac{1}{216}$ | 1 |

**アドバイス**

- 期待値を求めるには，期待される $X$ に対応する確率 $P$ との対応表をつくるのがわかりやすい。$X$ を確率変数，対応表を確率分布表といい，数学Bで学ぶ。
- $X$ に対応する確率 $p_1$, $p_2$, $p_3$, ……, $p_n$ については，$p_1+p_2+p_3+\cdots\cdots+p_n=1$ が成り立つから確率の検算に利用できる。さらに，余事象の考えから求めにくい確率を求めるのにも使いたい。

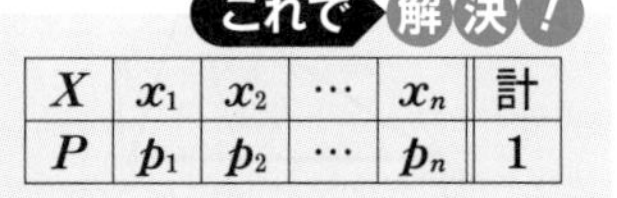


**期待値** ➡ $E=x_1p_1+x_2p_2+\cdots\cdots+x_np_n$

| $X$ | $x_1$ | $x_2$ | … | $x_n$ | 計 |
|---|---|---|---|---|---|
| $P$ | $p_1$ | $p_2$ | … | $p_n$ | 1 |

**練習78**　赤球5個と白球4個が袋に入っている。この袋から3個の球を同時に取り出す。取り出された3個の球のうち白球の個数が $k$ 個 ($k=0$, 1, 2, 3) である事象の確率を $p_k$ とする。

このとき，$p_0=$□，$p_1=$□，$p_2=$□，$p_3=$□ である。また，白球の個数の期待値は □ である。　〈東京理科大〉

# 79 角の2等分線と中線定理

右の図において，
$x$ の値を求めよ。
ただし，G は
△ABC の重心である。

(1)

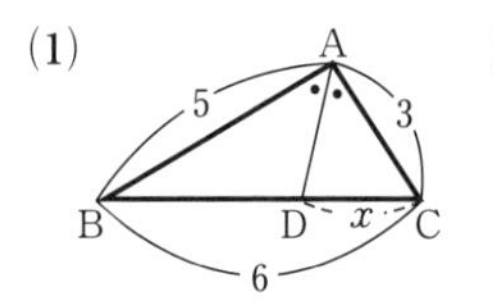


(2)

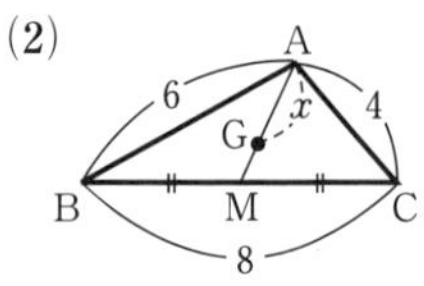


**解**

(1) AD が ∠A の 2 等分線だから

AB：AC＝BD：DC＝5：3　より

$(6-x)：x=5：3$　$3(6-x)=5x$

$8x=18$　よって，$x=\dfrac{9}{4}$

(2) 中線定理より

$AB^2+AC^2=2(AM^2+BM^2)$

$6^2+4^2=2(AM^2+4^2)$

$AM^2=10$　よって，$AM=\sqrt{10}$

AG：GM＝2：1 だから　$\boldsymbol{x=\dfrac{2}{3}\sqrt{10}}$

**三角形の重心**

3 本の中線の交点が重心で
中線は 2：1 に内分される。

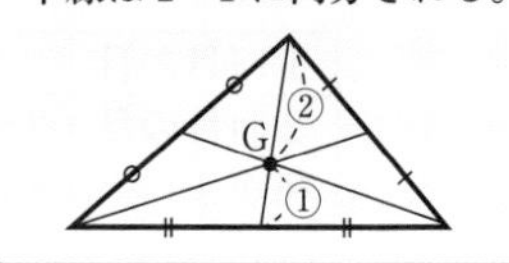


**アドバイス**

- 三角形の頂角の 2 等分線 AD と中線 AM を同じと考えて解くのを見かける。右の図のようにまったく違うから注意しよう。
- また，中線定理を忘れてしまったときは，余弦定理で解決できる（47参照）から焦らない。

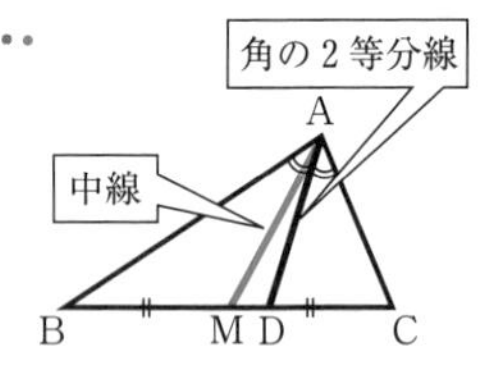


**これで解決！**

**角の2等分線**

**AB：AC＝BD：DC**

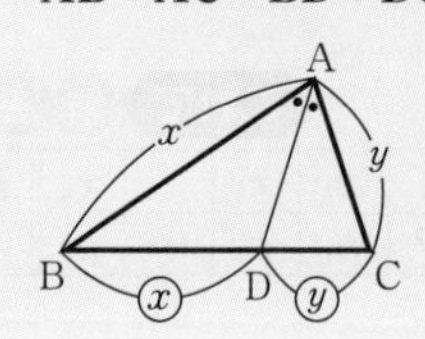


**中線定理**

$\boldsymbol{AB^2+AC^2=2(AM^2+BM^2)}$

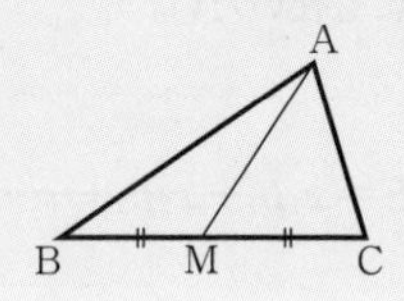


**練習79** 右の図において，
$x$ と $y$ の値を求めよ。

(1)

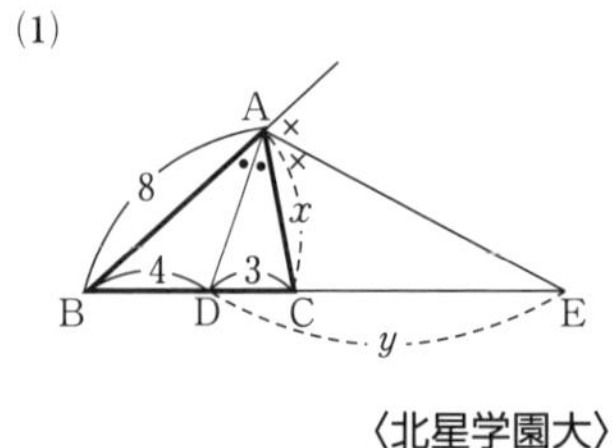


〈北星学園大〉

(2)

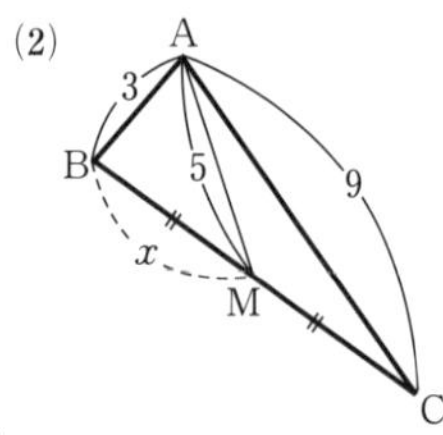

# 80　円周角，接弦定理，円に内接する四角形

下の図において，$x$ と $y$ の値を求めよ。ただし，$l$，$l'$ は接線である。

(1)

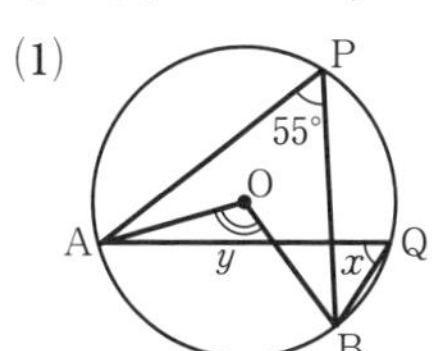


(2)

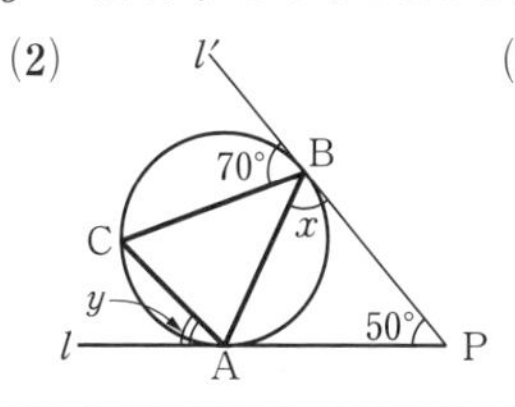


(3)

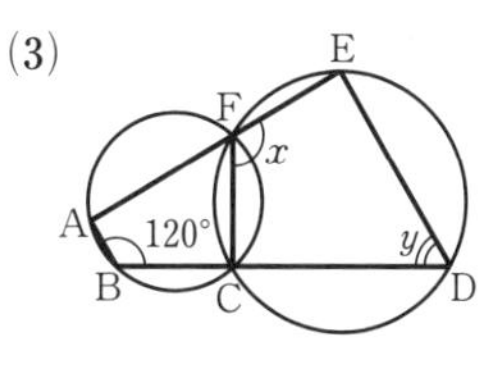


**解**

(1)　$\angle APB = \angle AQB$　だから　$\boldsymbol{x=55°}$　⬅弧 AB に対する円周角

$\angle AOB = 2\angle APB$　だから　$\boldsymbol{y=110°}$　⬅中心角は円周角の2倍

(2)　PA＝PB だから，△PAB は二等辺三角形　⬅

よって，$\boldsymbol{x} = \dfrac{1}{2}(180° - 50°) = \boldsymbol{65°}$

$\angle ABC = 180° - (65° + 70°) = 45°$

接弦定理より

$\boldsymbol{y} = \angle ABC = \boldsymbol{45°}$

(3)　$\angle ABC = \angle CFE = \boldsymbol{x=120°}$　⬅

$x + y = 180°$　より　$\boldsymbol{y=60°}$

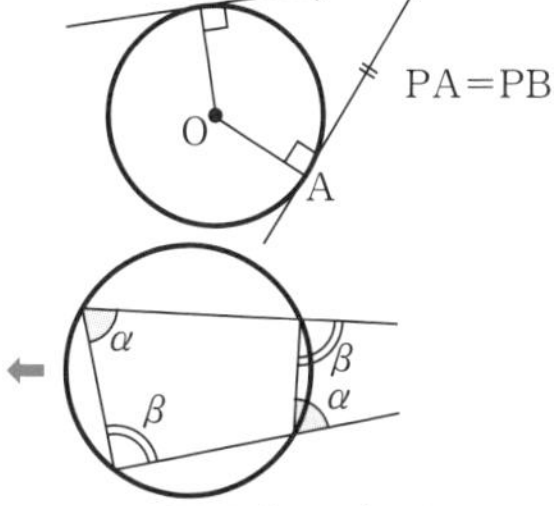


**アドバイス**

• 右の円周角の定理や，下の接弦定理，円に内接する四角形の性質，これらは，図形の問題の中で関連して出題されることが多い。これらの円に関する定理をしっかり理解しておこう。

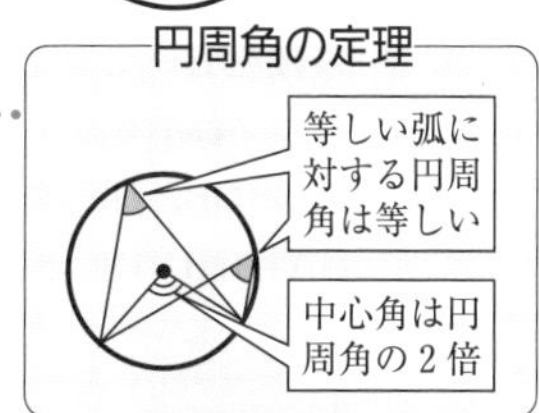


**これで解決！**

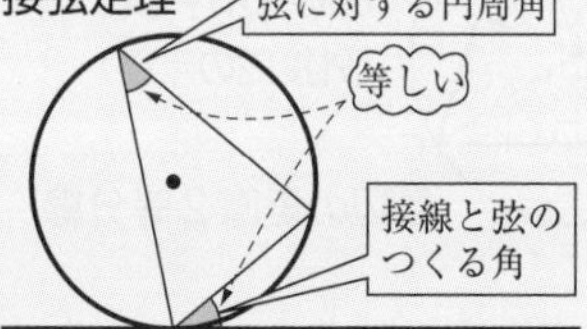


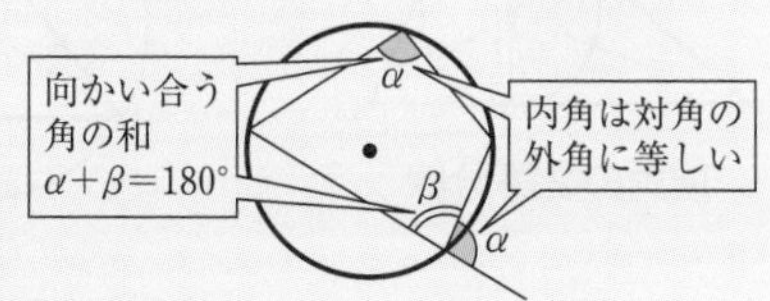


**練習80**　次の図において，$x$ と $y$ の値を求めよ。ただし，$l$ は接線である。

(1)

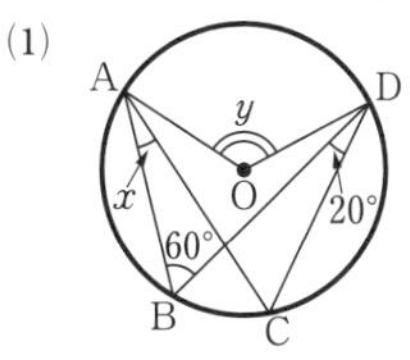


(2)

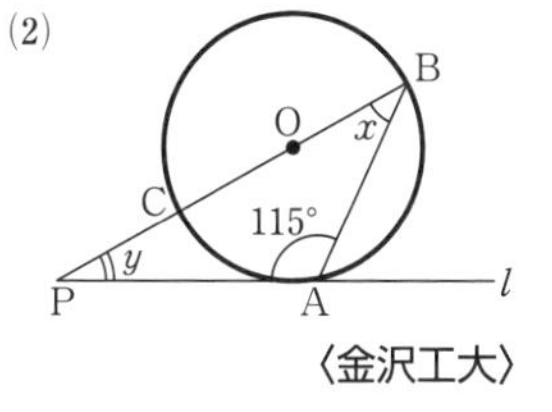


〈金沢工大〉

(3)

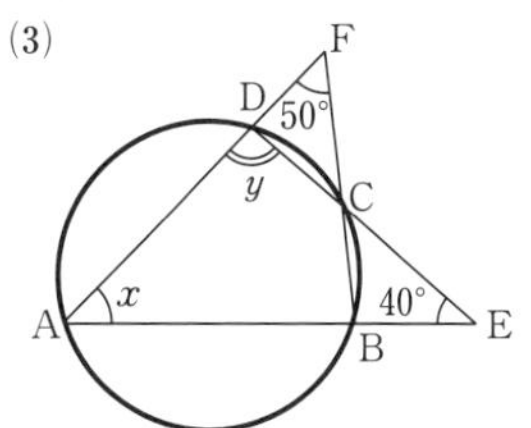

# 81 内心と外心

右の図において，$x$ と $y$ の値を求めよ。ただし，I は内心，O は外心である。

(1)

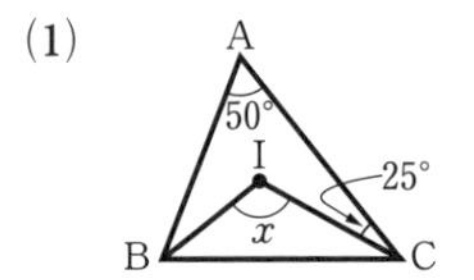


(2)

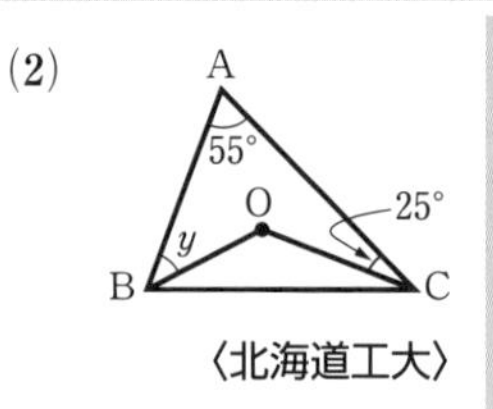


〈北海道工大〉

解

(1) ∠ICA＝∠ICB＝25°　だから

∠ACB＝50°

∠ABC＝180°－(50°＋50°)＝80°　だから

∠IBC＝80°÷2＝40°

よって，$x$＝180°－(25°＋40°)＝**115°**

⬅I が内心だから，IC は∠ACB の２等分線

⬅$\angle IBC=\frac{1}{2}\angle ABC$

(2) ∠OAC＝∠OCA＝25°

∠OAB＝55°－25°＝30°

よって，$y$＝∠OAB＝**30°**

⬅O が外心だから，△OAC，△OAB は二等辺三角形で，底角は等しい。

**アドバイス**

- 三角形の内心と外心で，頂角の 2 等分線なのか辺の垂直 2 等分線なのかで迷ったときは，鈍角三角形で実際に線を引いてみよう。外心は三角形の外に現れるからすぐわかる。
- OA，OB，OC は外接円の半径になるから，OA＝OB＝OC となることも忘れずに。

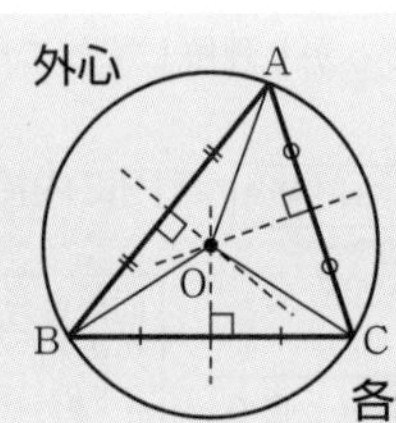


**これで解決！**

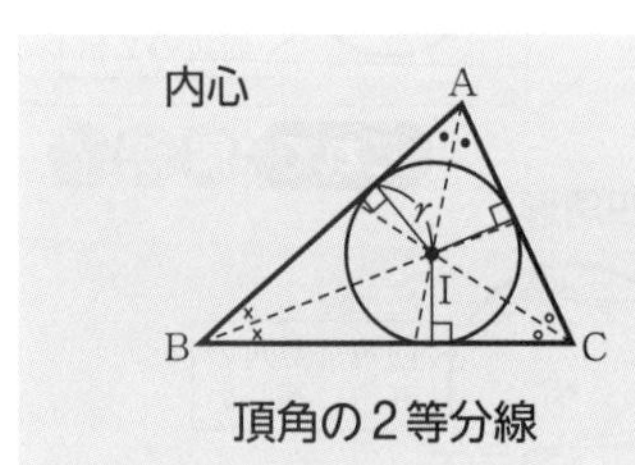


頂角の２等分線

外心

A
O
B
C

OA＝OB＝OC
（外接円の半径）

各辺の垂直２等分線

**練習81**　次の図において，$x$ と $y$ の値を求めよ。ただし，I は内心，O は外心とする。

(1)

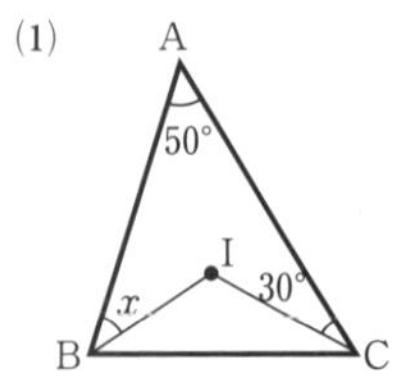


(2)

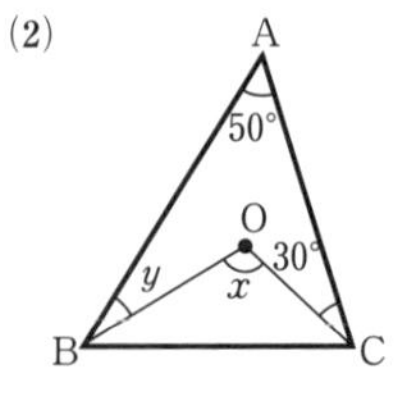


(3)

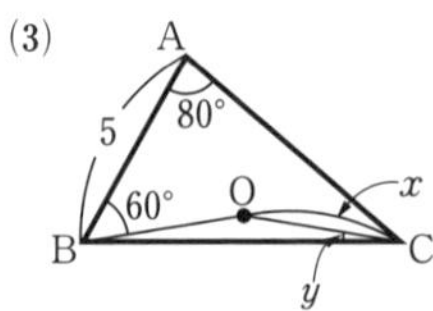


〈(1)，(2)明星大〉

# 82 方べきの定理

次の図において，$x$ の値を求めよ。

(1)
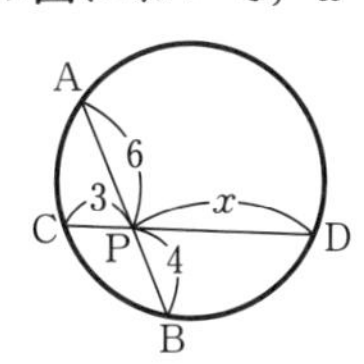


(2)
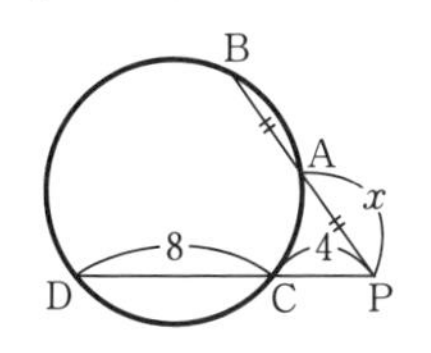


(3)
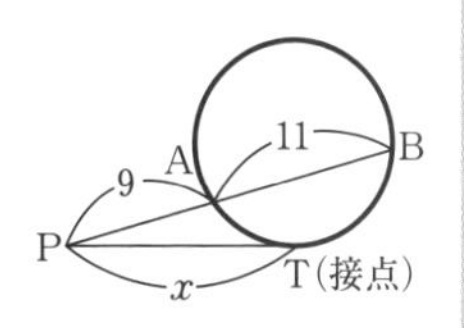


**解**　方べきの定理を利用する。

(1)　$PA \cdot PB = PC \cdot PD$　より

$6 \cdot 4 = 3 \cdot x$

よって，$\boldsymbol{x = 8}$

(2)　$PB = 2x$　だから

$PA \cdot PB = PC \cdot PD$　より

$x \cdot 2x = 4 \cdot 12$

$x^2 = 24$

よって，$\boldsymbol{x = 2\sqrt{6}}$

(3)　$PA \cdot PB = PT^2$　より

$9 \cdot 20 = x^2$

よって，$\boldsymbol{x = 6\sqrt{5}}$

**アドバイス**

- 円と交わる 2 直線が出てきたら方べきの定理を考えよう。
- 方べきの定理は，図のように点 P が円の内部にあっても，外部にあっても

$\triangle PAC \backsim \triangle PDB$

より $PA \cdot PB = PC \cdot PD$ となる。

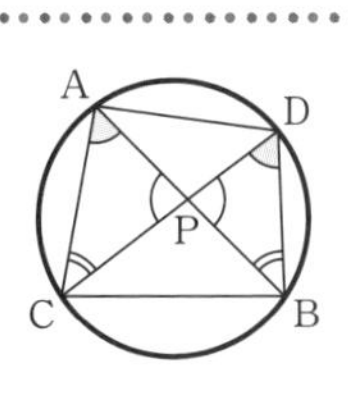


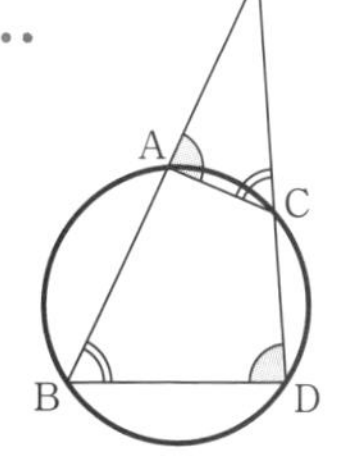


**これで解決！**

## 方べきの定理

**$PA \cdot PB = PC \cdot PD$**

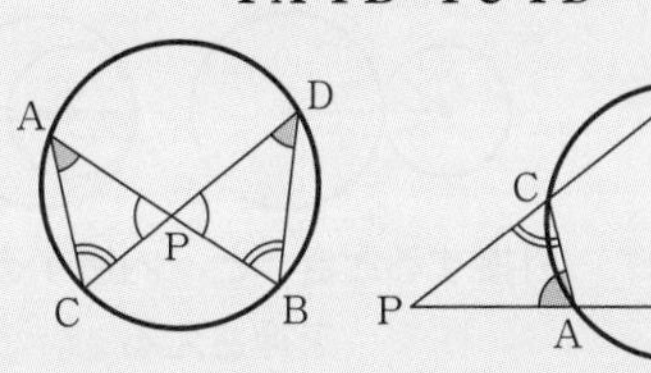

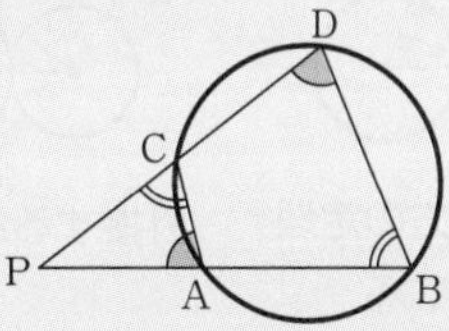

**$PA \cdot PB = PT^2$**

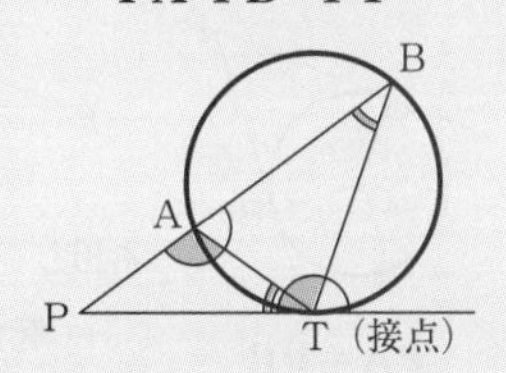


**練習82**　次の図において，$x$ の値を求めよ。ただし，T は接点である。

(1)

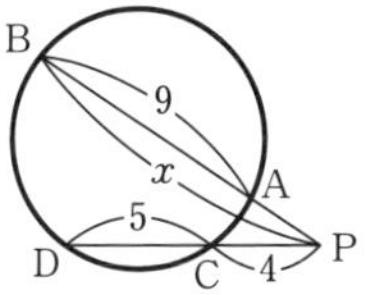

(2)
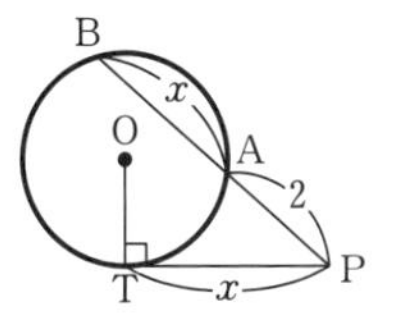


(3)
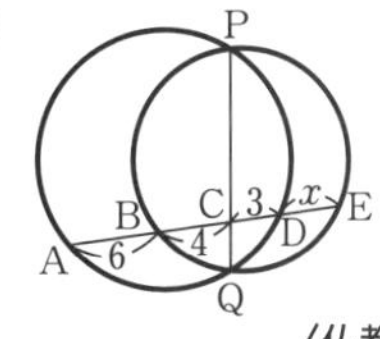


〈仏教大〉

# 83 円と接線・2円の関係

(1), (2)は $x$ の値を，(3)は2円が交わるための $d$ の値の範囲を求めよ。

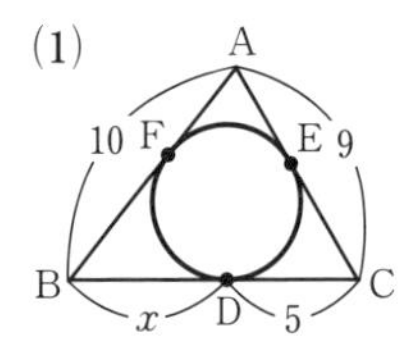


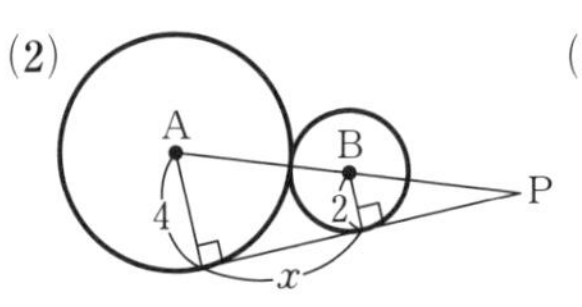


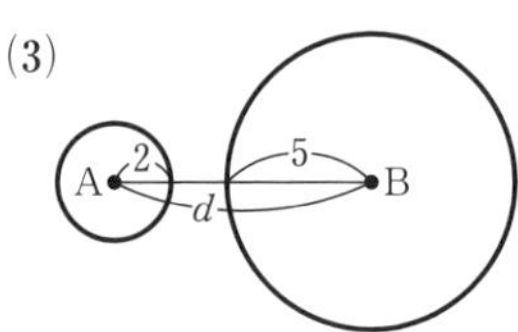


**解**

(1) CD＝CE＝5　だから

　AE＝AF＝9－5＝4

　よって，$x$＝BF＝10－4＝**6**

(2) 右図の △ABC において

　AB＝4＋2＝6，AC＝4－2＝2

　$x^2$＝BC$^2$＝$6^2-2^2$＝32

　よって，$\boldsymbol{x=4\sqrt{2}}$

(3) 2円が外接するとき　$d$＝2＋5＝7

　2円が内接するとき　$d$＝5－2＝3

　よって，　**3＜$d$＜7**

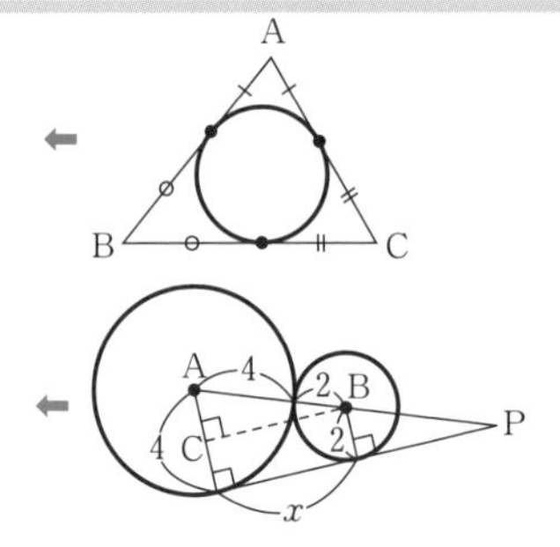


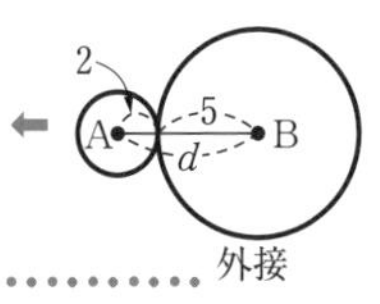


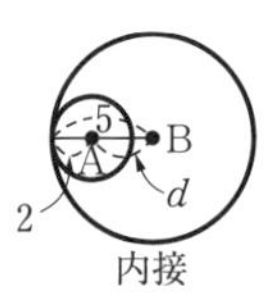


**アドバイス**

• 円や円の接線の図形的な性質を理解するためには，定規とコンパスで正確な図をかいてみることだ。そうすれば，理屈抜きに次のような図形の性質が納得できる。

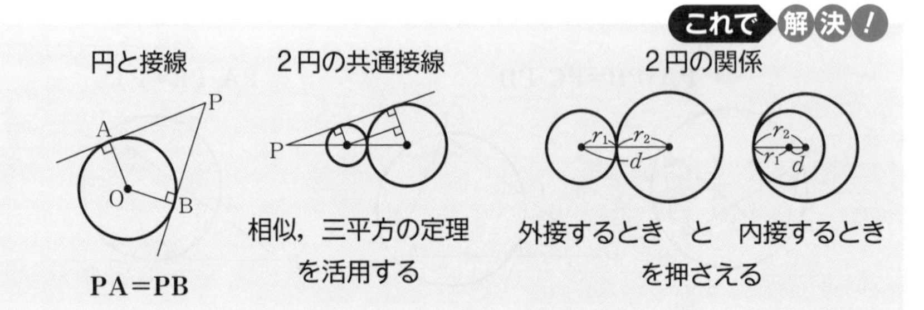


**練習83**　(1), (2)の $x$ の値を求めよ。また，(3)は2円の共有点の個数を $d$ の値で分類せよ。

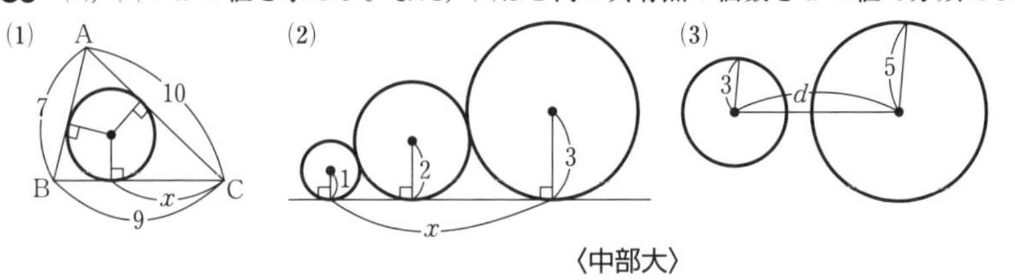


〈中部大〉

# 84 メネラウスの定理

右の図において，次の問いに答えよ。

(1)　$x$ と $y$ の関係式を求めよ。

(2)　4点 B，C，E，F が同一円周上にあるとき，$x$ と $y$ を求めよ。　〈宮崎大〉

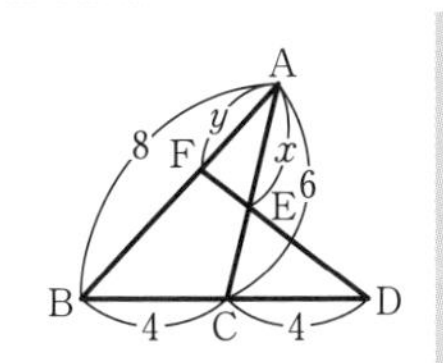


**解**　(1)　△ABC と直線 FD に対して
メネラウスの定理を用いると

$$\frac{BD}{DC}\cdot\frac{CE}{EA}\cdot\frac{AF}{FB}=1\quad だから$$

$$\frac{8}{4}\cdot\frac{6-x}{x}\cdot\frac{y}{8-y}=1$$

よって，$\boldsymbol{xy+8x-12y=0}$　……①

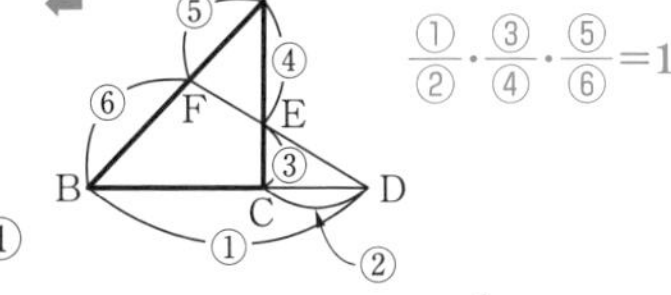


(2)　方べきの定理より

$$AE\cdot AC=AF\cdot AB$$

$x\cdot6=y\cdot8$　　よって，$3x=4y$ ……②

①，②より　$\boldsymbol{x=\frac{4}{3}}$，$\boldsymbol{y=1}$

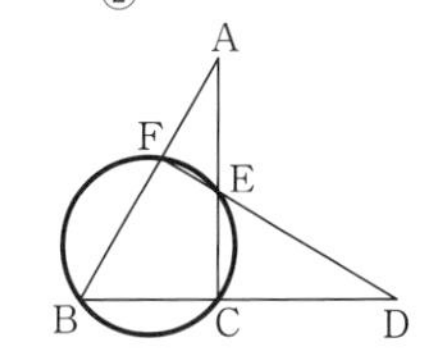


**アドバイス**

- メネラウスの定理は，△ABC を DF で切ったときの線分の比に関する定理である。
- 定理の出発は，重なった △ABC と △FBD の共通の頂点 B から出発すると覚えておくとよい。
- また，頂点から頂点に行く間に必ず線分の交点を通っていくことも忘れずに。

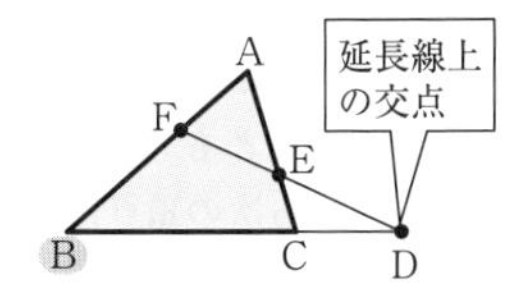


**これで解決！**

**メネラウスの定理**

$$\boldsymbol{\frac{BD}{DC}\cdot\frac{CE}{EA}\cdot\frac{AF}{FB}=1}$$

$$\boldsymbol{\frac{①}{②}\cdot\frac{③}{④}\cdot\frac{⑤}{⑥}=1}$$

(番号は何番から始まってもよい。)

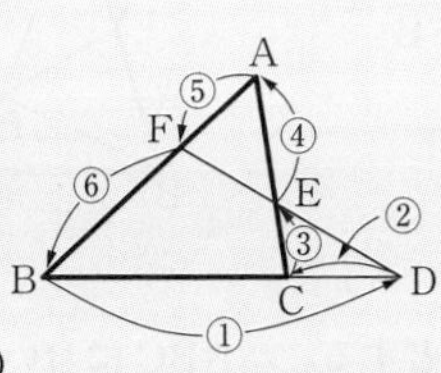


頂点から交点を経由して，次の頂点へ一回り。

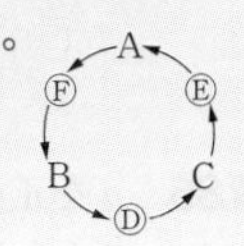


**練習84**　△OAB において辺 OA を 2：3 に内分する点を C，線分 BC の中点を M，直線 OM と辺 AB の交点を D とする。このとき，$\frac{AD}{DB}=$ ☐ である。また，△OCM の面積を $S_1$，△BDM の面積を $S_2$ とすると $\frac{S_1}{S_2}=$ ☐ である。　〈福岡大〉

# 85 チェバの定理

1辺の長さが9の正三角形ABCがある。辺AB上に点Dを，AC上に点Eを AD=4, AE=6 となるようにとる。BEとCDの交点をFとし，AFの延長と辺BCの交点をGとするとき，CG=☐ である。 〈明治大〉

**解** チェバの定理より

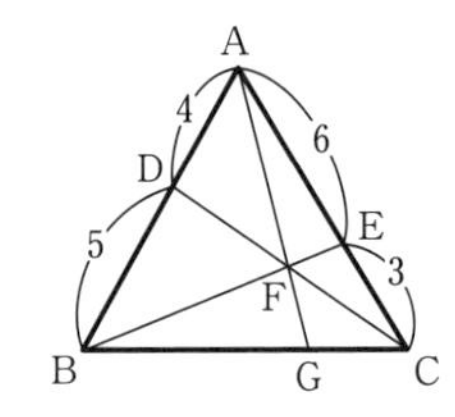


$\dfrac{BG}{GC}\cdot\dfrac{CE}{EA}\cdot\dfrac{AD}{DB}=1$ だから

$\dfrac{BG}{GC}\cdot\dfrac{3}{6}\cdot\dfrac{4}{5}=1$ よって，$\dfrac{BG}{GC}=\dfrac{5}{2}$

BG：GC=5：2 だから

$CG=9\times\dfrac{2}{7}=\mathbf{\dfrac{18}{7}}$

**アドバイス**

- チェバの定理は，△ABCの辺BC，CA，AB上にD，E，Fがあり直線AD，BE，CFが1点Pで交わるときに成り立つ式である。
- 右の図(ii)は辺の延長上にD，Eがあるときで，Pは△ABCの外部にくる。(i)，(ii)ともメネラウスの定理同様，頂点から次の頂点に，交点を経由して一回りと覚えよう。

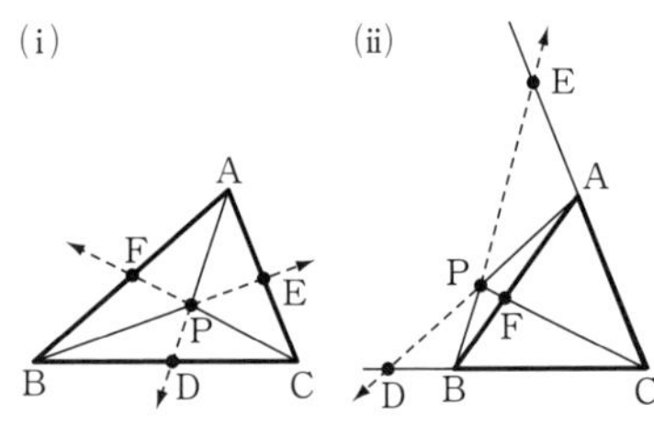


**これで解決！**

**チェバの定理**

$$\frac{BD}{DC}\cdot\frac{CE}{EA}\cdot\frac{AF}{FB}=1$$

$$\frac{①}{②}\cdot\frac{③}{④}\cdot\frac{⑤}{⑥}=1$$

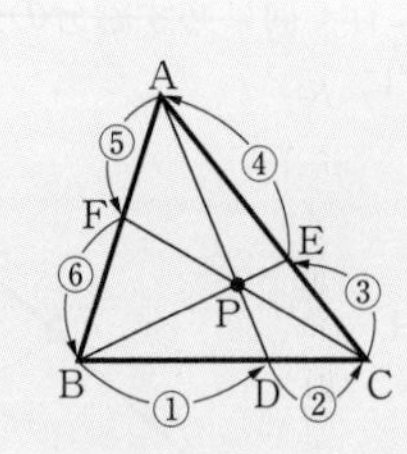


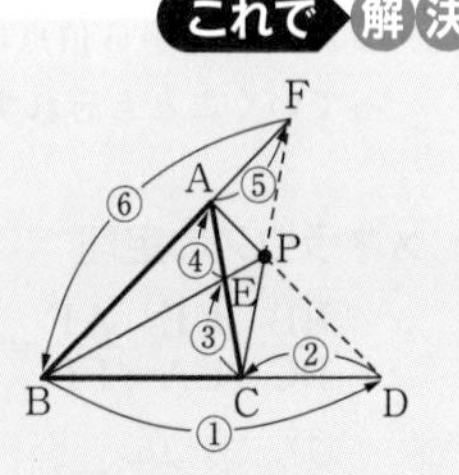


**練習85** $n$を正の整数とする。△ABCにおいて，辺ABを$(n+1):n$に内分する点をR，辺ACを$(n+2):n$に内分する点をQとする。線分BQと線分CRの交点をO，直線AOと辺BCの交点をPとする。このとき，BP：PC=☐：☐，AO：OP=☐：☐ である。よって，△ABCと△OBCの面積の比の値は $\dfrac{\triangle ABC}{\triangle OBC}$=☐ である。 〈神奈川工科大〉

## 86 最大公約数・最小公倍数

　2つの自然数 $a$, $b$ $(a<b)$ の和が132, 最小公倍数が336であるとき, 最大公約数と $a$, $b$ を求めよ。 〈福岡大〉

**解**　$a$, $b$ の最大公約数を $G$ とすると

$a=Ga'$, $b=Gb'$ ($a'$, $b'$ は互いに素) と表せる。

$a+b=132$ から $Ga'+Gb'=132$　⬅$132=2^2\times3\times11$

よって, $G(a'+b')=12\times11$

また, 最小公倍数 $L=336$ から

$L=Ga'b'=336=12\times28$　⬅$336=2^4\times3\times7$

11と28は互いに素だから　⬅$a'$ と $b'$ が互いに素であるとき $a'+b'$ と $a'b'$ も互いに素である。

**最大公約数は12**

また, $a'+b'=11$, $a'b'=28$ だから

$a'$, $b'$ は $t^2-11t+28=0$ の解である。　⬅$b'=11-a'$ を $a'b'=28$ に代入して解くと $a'(11-a')=28$ より $(a'-4)(a'-7)=0$ よって, $a'=4$, $7$

$(t-4)(t-7)=0$ より $t=4$, $7$

$a<b$ より $a'=4$, $b'=7$

よって, $a=4\times12=$ **48**

$b=7\times12=$ **84**

**アドバイス**

- 2つの数12と18の最大公約数は6だから $12=6\times2$, $18=6\times3$ と表せる。ここで, 大切なのは最大公約数6に掛けられる2と3は互いに素であることだ。
- このように, 2つの自然数 $a$, $b$ について, 最大公約数が $G$ であるとき, $a=Ga'$, $b=Gb'$ と表せる。ただし, **$a'$, $b'$ は互いに素である。**
- このとき,
  最小公倍数は $L=Ga'b'$, 　$a$, $b$ の積は $ab=Ga'\times Gb'=LG$
  と表せる。

**これで解決!**

**2つの自然数 $a$, $b$ の最大公約数と最小公倍数**

G.C.D.$=G$ (最大公約数)
L.C.M.$=L$ (最小公倍数)
➡ $a=Ga'$, $b=Gb'$ 互いに素 ➡ $L=Ga'b'$, $ab=LG$

**練習86** (1)　2つの自然数 $a$, $b$ $(a<b)$ の積が588, 最大公約数が7であるとき, この2つの自然数の組 $(a, b)$ を求めよ。 〈愛知工大〉

(2)　和が406で最小公倍数が2660であるような2つの正の整数を求めよ。〈弘前大〉

## 87 分数が整数になる条件

$n$ を自然数とするとき，$\dfrac{4n+1}{2n-1}$ は整数値 $a$ をとるものとする。
$a$ の最大値を求めよ。〈自治医大〉

$a=\dfrac{4n+1}{2n-1}=2+\dfrac{3}{2n-1}$ と変形　　⬅ $2n-1\,\overline{)\,4n+1\,}$ 商 2，$4n-2$，余り 3

$a$ が整数となるのは $2n-1$ が 3 の約数のとき

$2n-1=\pm1,\ \pm3$　より　$n=1,\ 2$

よって，$a$ の最大値は $n=1$ のとき　**5**

**アドバイス**

- 分数で表された数が整数になるためには，例題のように分子が整数になるように変形し，分母が分子の約数になるようにする。

**練習87**　$n$ を $n\neq-3$ である整数とする。このとき，$\dfrac{n^3+45}{n+3}$ の値が整数となるような整数は［　　］個あり，そのうち最大の整数 $n$ は［　　］である。〈帝京大〉

## 88 約数の個数とその総和

360 の正の約数の個数は［　　］個であり，それらの約数の和は［　　］である。〈芝浦工大〉

**解**

$360=2^3\times3^2\times5$ だから　　⬅360 を素因数に分解する。

約数の個数は　$(3+1)\times(2+1)\times(1+1)=4\times3\times2=$**24**（個）

約数の総和は　$(1+2+2^2+2^3)(1+3+3^2)(1+5)$　　⬅すべての約数の和はこの形で表される。

$=15\times13\times6=$**1170**

**アドバイス**

- ある数 $N$ の約数の個数と総和については，$N=a^xb^yc^z\cdots$ と素因数に分解し，次の公式で求める。

$N=a^xb^yc^z\cdots$ ➡ 約数の個数 $(x+1)(y+1)(z+1)\cdots\cdots$
約数の総和 $(1+a+\cdots+a^x)(1+b+\cdots+b^y)\cdots\cdots$

**練習88**　6400 の正の約数は［　　］個である。このうち，正の約数で 5 の倍数であるもののすべての和は［　　］である。〈大同大〉

## 89 整数の倍数の証明問題

整数 $n$ に対して，$2n^3-3n^2+n$ が 6 の倍数であることを示せ。

〈北海道教育大〉

**解**　（その 1）　$2n^3-3n^2+n$

$=n(2n^2-3n+1)=n(n-1)(2n-1)$

$=n(n-1)\{(n-2)+(n+1)\}$

$=n(n-1)(n-2)+(n-1)n(n+1)$

連続する 3 整数の積は 6 の倍数だから

与式は 6 の倍数である。

⬅$2n-1=(n-2)+(n+1)$ と分けて表した。

（その 2）　$2n^3-3n^2+n=2(n^3-n)+2n-3n^2+n$

$=2(n-1)n(n+1)-3n(n-1)$

$n(n-1)$ は連続する 2 整数の積だから 2 の倍数。

ゆえに，$3n(n-1)$ は 6 の倍数。

$(n-1)n(n+1)$ は連続する 3 整数の積だから 6 の倍数。

よって，与式は 6 の倍数である。

⬅$n^3-n$ を無理につくる。$n^3-n=(n-1)n(n+1)$ で，6 の倍数である。

（その 3）　$2n^3-3n^2+n=n(n-1)(2n-1)$ と変形すると

$n(n-1)$ は連続する 2 整数の積だから 2 の倍数。

整数 $n$ は $k$ を整数として，$n=3k$，$3k+1$，$3k+2$ で表せる。

$n=3k$ のとき　　$n$ は 3 の倍数

$n=3k+1$ のとき　　$n-1=3k$ となり 3 の倍数

$n=3k+2$ のとき　　$2n-1=3(2k+1)$ となり 3 の倍数

よって，与式は 2 かつ 3 の倍数だから 6 の倍数。

**アドバイス**

- 整数の倍数に関する証明では，まず次のことは公式として覚えておく。
  連続する 2 整数の積 $n(n+1)$，$n(n-1)$，$3n(3n+1)$ など… 2 の倍数
  連続する 3 整数の積 $n(n+1)(n+2)$，$(2n-1)2n(2n+1)$ など… 6 の倍数
- 特に，6 の倍数に関する証明では，次のことを実行してみるとよい。

**これで解決！**

6 の倍数に関する証明問題では ➡
- 連続する 3 整数の積に変形　（思いつけば早いしカッコイイ）
- $n^3-n$ を強引につくって変形　（不思議とうまくいく）
- $n=3k$，$3k+1$，$3k+2$ で表す（泥臭いが確実）

**練習89**　$n$ が整数のとき，次の式で表される整数は 6 の倍数であることを示せ。

(1)　$n(n+1)(2n+1)$　〈大阪女子大〉　(2)　$n(n^2+5)$　〈岡山県立大〉

# 90 余りによる整数の分類（剰余類）

$n$ を整数とする。$n^2$ を 5 で割った余りは，0 か 1 か 4 となって，2 と 3 にはならないことを示せ。〈岩手大〉

**解**　任意の整数 $n$ は，ある整数 $k$ を用いて

$n=5k,\ 5k\pm1,\ 5k\pm2$　と表せる。

←$5k-1=5(k-1)+4$
$5k-2=5(k-1)+3$
と表せるから，それぞれ"5 で割ると余りは 4 と 3"を表す。

(i)　$n=5k$ のとき

$n^2=(5k)^2=5\cdot5k^2=$(5 の倍数) より　余りは 0

(ii)　$n=5k\pm1$ のとき

$n^2=(5k\pm1)^2=25k^2\pm10k+1$
$=5(5k^2\pm2k)+1$
$=$(5 の倍数)$+1$ より　余りは 1

(iii)　$n=5k\pm2$ のとき

$n^2=(5k\pm2)^2=25k^2\pm20k+4$
$=5(5k^2\pm4k)+4$
$=$(5 の倍数)$+4$ より　余りは 4

よって，(i)，(ii)，(iii)より整数の 2 乗を 5 で割った余りは

0 か 1 か 4 になる。

**アドバイス**

- 整数の問題は，漠然としていて考えづらいので，苦手としている人は多い。それは，他の分野のように式を見て具体的に考えるのとは違うからだろう。
- 整数の問題は，整数の表し方で決まるといっても過言ではない。例えば，下の表し方はよく使われるから知っておこう。
- 一般に，$p$ の倍数に関する問題では，整数 $n$ を次のように表して戦おう。

$\boldsymbol{n=pk,\ pk+1,\ pk+2,\ \cdots\cdots,\ pk+(p-1)}$

**これで解決！**

倍数に関する整数の（証明）問題整数の表し方は ➡

2 の倍数：$2k,\ 2k+1$
3 の倍数：$3k,\ 3k\pm1$
4 の倍数：$4k,\ 4k\pm1,\ 4k+2$
5 の倍数：$5k,\ 5k\pm1,\ 5k\pm2$

注　5 の倍数は，計算が少し面倒になるが，$5k,\ 5k+1,\ 5k+2,\ 5k+3,\ 5k+4$ と表してもよい。

**練習 90**　$n$ を正の整数とする。次の命題を証明せよ。

(1)　$n^2$ が奇数ならば，$n$ は奇数である。

(2)　$n^3$ が 5 で割り切れるなら，$n$ は 5 で割り切れる。〈奈良教育大〉

# 91 互除法

(1)　互除法を利用して，437 と 966 の最大公約数を求めよ。

(2)　互除法を利用して，等式 $42x+29y=1$ を満たす整数 $x$，$y$ の組を1つ求めよ。　〈岡山理科大〉

**解**　(1)　右の計算より

$966=437\times2+92$ ◂--- 余り 92

$437=92\times4+69$ ◂--- 余り 69

$92=69\times1+23$ ◂--- 余り 23

$69=23\times3$ ◂--- 割り切れる

```
      3     1     4     2
 23)69  )92  )437  )966
     69    69   368   874
      0    23    69    92
```

よって，最大公約数は **23**

(2)　$42=29\times1+13$ -----▸ $13=42-29\times1$ ……①

$29=13\times2+3$ -----▸ $3=29-13\times2$ ……②

$13=3\times4+1$ -----▸ $1=13-3\times4$ ……③

③に，②，①を順々に代入すると

$1=13-(29-13\times2)\times4$　⬅③の 3 に②を代入

$=13-29\times4+13\times8$

$=13\times9+29\times(-4)$　⬅13 に①を代入

$=(42-29\times1)\times9+29\times(-4)$　⬅42 と 29 を残す。

$=42\times9+29\times(-13)$　より　$42\times9+29\times(-13)=1$

よって，$x$，$y$ の組の1つは

$\boldsymbol{x=9,\ y=-13}$

**アドバイス**

- 互除法は，大きい方の数を小さい方の数で割り，余りが出たらその余りで割った数を割る。余りが出たらさらに割った数を割り，割り切れたときの値が最大公約数になる仕組みである。
- (2)は同様な方法で，42 と 29 が互いに素だから最後に余りが1になるようにする。

**これで解決！**

互除法 ➡ (大きい数)÷(小さい数) を計算。“余りで，割った方の数を割る” これを割り切れるまでくり返す。

**練習91**　(1)　互除法を利用して，次の最大公約数を求めよ。

(ア)　1254，4788　〈愛媛大〉　　(イ)　19343，4807　〈立教大〉

(2)　互除法を利用して，次の等式を満たす整数 $x$，$y$ の組を1つ求めよ。

(ア)　$37x+32y=1$　〈鹿児島大〉　　(イ)　$41x+355y=1$　〈上智大〉

## 92 不定方程式 $ax+by=c$ の整数解

不定方程式 $7x-5y=12$ を満たす $x$，$y$ の整数解をすべて求めよ。

〈関西学院大〉

解

$7x-5y=12$ の整数解の１つは

$x=1$，$y=-1$ だから　　⬅整数解を１つ見つける。

$7x-5y=12$　……①

$7\cdot1-5\cdot(-1)=12$　……②　とする。　　⬅$x=1$，$y=-1$ を代入した式をかく。

①－②より

$7(x-1)-5(y+1)=0$

$7(x-1)=5(y+1)$

７と５は互いに素だから $k$ を整数として

$x-1=5k$，$y+1=7k$　と表せる。

よって，$\boldsymbol{x=5k+1}$，$\boldsymbol{y=7k-1}$（$k$ は整数）

⬅$ax=by$ で $a$ と $b$ が互いに素であるとき $x=bk$，$y=ak$（$k$ は整数）と表せる。

**アドバイス**

- $ax+by=c$ を満たす整数解を求めるには，まず，１組の整数解を求めて，もとの方程式に代入する。それから解答のように辺々を引けば，互いに素であることを利用して容易に求まる。
- １組の解は，直感的に求まればよいが，係数が大きくなるとなかなか求めにくいこともある。そんな時は，次のように $x$ か $y$ で解いて，割り切れる性質（整除性という）を利用するとよい。

$7x-5y=12$　より　$y=\dfrac{7x-12}{5}=x-2+\dfrac{2x-2}{5}$

割り切れるような $x$ を求める。$x=1$，6，$-4$ など

$x=1$ のとき，割り切れて，このとき $y=-1$（$x$ と $y$ の組は何でもよい。）

**これで解決！**

**$ax+by=c$　……①　を満たす整数解は**

**$ax_0+by_0=c$　……②　となる $(x_0,\ y_0)$ を１組見つける**

**①－②より，　$a(x-x_0)+b(y-y_0)=0$　をつくる**

**解は，$x=bk+x_0$，$y=-ak+y_0$（$k$ は整数）となる**

**練習92** (1)　不定方程式 $14x-11y=7$ を満たす $x$，$y$ の整数解をすべて求めよ。

〈龍谷大〉

(2)　７で割ると２余り，11 で割ると３余るような 300 以下の自然数をすべて求めよ。

〈山形大〉

# 93 不定方程式 $xy+px+qy=r$ の整数解

$xy+3x+2y+1=0$ を満たす整数の組 $(x,\ y)$ をすべて求めよ。

〈東京薬大〉

**解** $xy+3x+2y+1=0$ を変形して

$(x+2)(y+3)-6+1=0$

$(x+2)(y+3)=5$

$x,\ y$ は整数だから

$(x+2)(y+3)=5$ となるのは，次の 4 組

| $x+2$ | 1 | 5 | $-1$ | $-5$ |
|---|---|---|---|---|
| $y+3$ | 5 | 1 | $-5$ | $-1$ |

これを満たす $(x,\ y)$ の組は

**$(x,\ y)=(-1,\ 2),\ (3,\ -2),\ (-3,\ -8),\ (-7,\ -4)$**

⬅$x,\ y$ の係数を考えて左辺を下の形にする。

$xy+3x+2y+1=0$

$3x$　$2y$

$(x+2)(y+3)-6+1=0$

6 ← 6を引いて相殺

⬅表をつくって $(x,\ y)$ の組を求めるのがわかり易い。例えば

$\begin{cases} x+2=1 \\ y+3=5 \end{cases}$ のとき $\begin{matrix} x=-1 \\ y=2 \end{matrix}$

**アドバイス**

- 不定方程式を，適当な整数を代入して解く方法はよくない。このような不定方程式は与式を (整数)×(整数)=(整数) として，整数の組合せを考える。
- $xy$ に係数がある場合は，次のように係数と同じ数を掛けて変形する。

$$2xy+x+y=1 \xrightarrow[\text{に掛けて}]{2\text{を両辺}} 4xy+2x+2y=2 \longrightarrow (2x+1)(2y+1)=3$$

- 分数のときの変形は，分母を払って次のようにすればよい。

$$\frac{1}{x}+\frac{1}{y}=\frac{1}{4} \xrightarrow[\text{に掛けて}]{4xy\text{を両辺}} 4x+4y=xy \longrightarrow (x-4)(y-4)=16$$

**これで解決！**

**$xy+px+qy=r$ の整数解 ➡ $(x+q)(y+p)=c$ に変形**

**$\dfrac{1}{x}+\dfrac{1}{y}=\dfrac{1}{k}$ なら $xy-kx-ky=0$ ➡ $(x-k)(y-k)=k^2$**

注意　正の整数（自然数）は 1，2，3，……，整数は 0，±1，±2，±3，……である。

**練習93** (1)　$x$ と $y$ を $xy+2x-4y=2$ を満たす正の整数とするとき，$xy$ の最大値は □ である。

〈早稲田大〉

(2)　$6x^2-5xy+y^2=3$ を満たす整数 $x,\ y$ の組のうち $x<y$ となるのは $(x,\ y)=($□, □$),\ ($□, □$)$ である。

〈甲南大〉

(3)　$x\neq0,\ y\neq0$ のとき，$\dfrac{1}{x}-\dfrac{1}{y}+\dfrac{3}{xy}=1$ を満たす整数 $(x,\ y)$ の組をすべて求めよ。

〈獨協大〉

## 94 等式・不等式を満たす自然数

$1<\frac{1}{a}+\frac{1}{b}+\frac{1}{c}$ を満たす自然数 $a$，$b$，$c$（ただし，$1<c<b<a$）の組を求めよ。〈広島大〉

**解** 条件より

$$1<\frac{1}{a}+\frac{1}{b}+\frac{1}{c}<\frac{1}{c}+\frac{1}{c}+\frac{1}{c}=\frac{3}{c}$$

（$\frac{1}{a}<\frac{1}{c}$，$\frac{1}{b}<\frac{1}{c}$）

⬅自然数 $a$，$b$，$c$ において $c<b<a \Longleftrightarrow \frac{1}{c}>\frac{1}{b}>\frac{1}{a}$ が成り立つから，一番小さい $c$ を代入した。

よって，$1<\frac{3}{c}$ より $1<c<3$ より $c=2$

$c=2$ のとき $\frac{1}{2}<\frac{1}{a}+\frac{1}{b}<\frac{1}{b}+\frac{1}{b}=\frac{2}{b}$

よって，$\frac{1}{2}<\frac{2}{b}$ より $1<b<4$

$c=2<b<4$ だから $b=3$

このとき

$1<\frac{1}{a}+\frac{1}{3}+\frac{1}{2}$ より $\frac{1}{6}<\frac{1}{a}$ より $a<6$

$b=3<a<6$ だから $a=4$，$5$

以上より **$(a, b, c)=(4, 3, 2)$，$(5, 3, 2)$**

### アドバイス

- 等式や不等式を満たす自然数を求めるのに手をやいた経験はないだろうか。方程式のように，公式を用いて解くようなわけにはいかないからやっかいだ。
- そこで，少なくとも次の方法は有効だから使えるように。
  自然数 $a$，$b$，$c$ が $1\leqq c\leqq b\leqq a$ のとき

$$m=\frac{1}{a}+\frac{1}{b}+\frac{1}{c}\leqq\frac{1}{c}+\frac{1}{c}+\frac{1}{c}=\frac{3}{c}\Longrightarrow m\leqq\frac{3}{c}$$（一番小さな値を代入）

$$n=a+b+c\leqq a+a+a=3a\Longrightarrow n\leqq 3a$$（一番大きな値を代入）

として，自然数の値を押さえていく考え方は利用頻度が高いので知っておこう。

**これで解決！**

| 等式・不等式を満たす自然数の求め方 | ➡ | 一番小さな値 or 一番大きな値を代入して，"自然数を押さえ込む" |
|---|---|---|

**練習94** 自然数 $x$，$y$，$z$ は $x\leqq y\leqq z$ および $xy+yz+zx=xyz$ を満たすとする。

(1) 不等式 $x\leqq 3$ を示せ。

(2) 与えられた条件を満たす $x$，$y$，$z$ の組をすべて求めよ。〈名古屋大〉

## 95 素数となる条件

$n$ を自然数とする。$n^4+4$ が素数であるとき，その値はいくつか。

〈宮崎大〉

**解**　$n^4+4=(n^2+2)^2-4n^2=(n^2+2n+2)(n^2-2n+2)$

と因数分解する。$n$ が自然数だから

$n^2+2n+2>n^2-2n+2>0$ であり

$n^4+4$ が素数なので $n^2-2n+2=1$ である。

$(n-1)^2=0$ より　$n=1$　　よって，**5**

⬅$n^4+4$ は 1 と $n^4+4$ 以外に約数をもたないから小さい方が 1 になる。

**アドバイス**

- 素数をテーマにした問題では，まず次の点を考えるとよい。素数は 1 とその数以外に約数をもたない数だから，因数分解したとき，小さい方が 1 である。

**これで解決！**

**$N$ が素数のとき ➡ $N=1\times N$ or $(-1)\times(-N)$ としか表せない。**

**練習95**　$n^2-20n+91$ の値が素数となる整数 $n$ は □ と □ である。〈明治学院大〉

## 96 $n!$ の素因数分解と累乗

10! を素因数分解すると，因数の 2 は何乗になるか。　〈流通科学大〉

**解**　10! は 1 から 10 までの積だから

2 の倍数は　$10\div2=5$　　　より 5 個

$2^2$ の倍数は　$10\div2^2=2$ あまり 2　より 2 個

$2^3$ の倍数は　$10\div2^3=1$ あまり 2　より 1 個

よって，因数の 2 は $5+2+1=8$ 個あるから

$2^8$ より　**8乗**

⬅$10!=1\times2\times3\times4\times5\times6\times7\times8\times9\times10$

2 の倍数 ○(2, 4, 6, 8, 10)

$2^2$ の倍数 ○(4, 8)

$2^3$ の倍数 ○(8)

（○の数だけ因数 2 がある）

**アドバイス**

- $n!$ を $n!=a^xb^yc^z\cdots\cdots$ と素因数分解するとき，素因数 $a$ の累乗が何乗になるかは $n$ を $a$，$a^2$，$a^3\cdots\cdots$で割って，例題のようにその商を合計すればよい。

**これで解決！**

**$n!=a^xb^yc^z\cdots\cdots$　$a$ の累乗 $x$ は ➡ $n$ を $a$，$a^2$，$a^3\cdots\cdots$で割れ　それぞれの商の和（合計）が $x$ になる**

**練習96**　(1)　100! が $5^n$ で割り切れるような最大の自然数 $n$ を求めよ。

(2)　1000! を計算したとき，末尾に現れる 0 の個数を求めよ。　〈岡山理科大〉

## 97 背理法による証明

$a$, $b$, $c$ は整数で，$a^2+b^2=c^2$ が成り立つならば，$a$, $b$ のうち少なくとも1つは3の倍数であることを証明せよ。 〈成蹊大〉

**解** $a$ と $b$ のどちらも3の倍数でないとすると

$k$, $l$ を整数として

$a=3k\pm1$　　$b=3l\pm1$　と表せる。

⬅ $3k-1$, $3l-1$ は3で割った余りが2のときである。

複号を任意の組合せで考えると

$$
\begin{aligned}
a^2+b^2&=(3k\pm1)^2+(3l\pm1)^2\\
&=9k^2\pm6k+1+9l^2\pm6l+1\\
&=3(3k^2\pm2k+3l^2\pm2l)+2\\
&=(3の倍数)+2
\end{aligned}
$$

⬅ $a$ と $b$ を1つ1つ分けて計算すると面倒なので一緒に計算した。

ゆえに，$a^2+b^2$ を3で割った余りは2である。

一方，$m$ を整数として $c$ を，$c=3m$, $c=3m\pm1$ と表すと

$c^2=(3m)^2=3\cdot3m^2=(3の倍数)$

$$
\begin{aligned}
c^2=(3m\pm1)^2=9m^2\pm6m+1&=3(3m^2\pm2m)+1\\
&=(3の倍数)+1
\end{aligned}
$$

ゆえに $c^2$ を3で割った余りは0または1であるから

$a^2+b^2\neq c^2$ となる。

よって，$a$, $b$ のうち少なくとも1つは3の倍数である。

**アドバイス**

- 整数に関する証明問題では，背理法を使って証明することがよくある。背理法はいうまでもなく，結論を否定して矛盾を示す方法である。
- どうやってその矛盾を示すかわからないことが多い。そこで整数に関する問題では，次のことをまず考えてみよう。

**これで解決！**

整数問題
背理法による証明では ➡
- 余りで整数を分類して
（左辺の数の形）$\neq$（右辺の数の形）を示す
- 互いに素である（公約数が存在しない）
性質を利用する

**練習97** (1) 整数 $a$, $b$, $c$ が $a^2+b^2=c^2$ を満たすならば，$a$, $b$ の少なくとも一方は偶数であることを証明せよ。 〈千葉大〉

(2) 2つの自然数 $a$ と $b$ が互いに素であるとき，$3a+b$ と $5a+2b$ も互いに素であることを証明せよ。 〈山口大〉

# 98 $p$ 進法

(1)　10 進法で 2169 と表された数を何進法で表すと 999 になるか。
〈中央大〉

(2)　ある自然数を 3 進法と 5 進法で表すと，どちらも 2 桁の数で各位の数の並びは逆になる。この数を 10 進法で表せ。〈防衛医大〉

**解**　(1)　2169 を $p$ 進法で表すと 999 だから

$9\times p^2+9\times p+9=2169$　が成り立つ。

$p^2+p+1=241$　より　$p^2+p-240=0$

$(p-15)(p+16)=0$，$p\geqq 10$　なので $p=15$

よって，**15 進法**

⬅999 と表される数は 10 以上の進法なので，$p\geqq 10$ である。

(2)　3 進法で表した数を $a\times 3+b$　$(1\leqq a\leqq 2)$

5 進法で表した数を $b\times 5+a$　$(1\leqq b\leqq 4)$

と表すと，$1\leqq a\leqq 2$，$1\leqq b\leqq 2$ である。

⬅3 進法は 0，1，2 で表す。ただし，最高位は 0 でない。

$3a+b=5b+a$　より，$a=2b$

$1\leqq a\leqq 2$，$1\leqq b\leqq 2$　だから　$a=2$，$b=1$

よって，10 進法で表すと $2\times 3+1=$**7**　$(1\times 5+2=7)$

**アドバイス**

進法の問題ではまず，10 進法での表記の意味を理解することだ。例えば

- 10 進法では　$365.24=3\times 10^2+6\times 10+5\times 10^0+\dfrac{2}{10^1}+\dfrac{4}{10^2}$

  5 進法では　$123.4_{(5)}=1\times 5^2+2\times 5^1+3\times 5^0+\dfrac{4}{5}$

  である。
- 逆に，10 進法で表された数を $p$ 進法で表すには，右の 2 進法の表し方にならって，$p$ で順次割って，余りをかき出せばよい。

〔2 進法の表し方〕

| | | 余り |
|---|---|---|
| 2) 13 | | |
| 2) 6 | …… | 1 |
| 2) 3 | …… | 0 |
| 1 | …… | 1 |

書く順序　$1101_{(2)}$

**これで解決！**

**$p$ 進法の数を 10 進法で表すと**

$$\mathbf{123.45_{(p)}} \Rightarrow 1\times p^2+2\times p^1+3\times p^0+\frac{4}{p^1}+\frac{5}{p^2}$$

**練習98**　(1)　10 進法で表した 15 を 3 進法で表すと □ であり，3 進法で表した 2102 を 10 進法で表すと □ である。さらに，5 進法で表した 0.12 を 10 進法で表すと □ となる。〈日本女子大〉

(2)　$a$，$b$，$c$ は 1 以上 4 以下の整数とする。自然数 $N$ を 5 進法で表すと $abc_{(5)}$ となり，7 進法で表すと $cab_{(7)}$ となるとき，$N$ を 10 進法で表せ。〈東京女子大〉

# こたえ

**1** (1) $(x+4)(x+2)(x-2)$

(2) $(a+2)(a-1)(a-b)$

(3) $(a+b+c)(ab+bc+ca)$

(4) $(x^2+xy-y^2)(x^2-xy-y^2)$

**2** (1) $x^2+y^2=28$, $x^3+y^3=144$, $\sqrt{x}-\sqrt{y}=-\sqrt{2}$

(2) $\dfrac{3}{2}$, $-1$, $-\dfrac{11}{2}$

(3) 5

**3** (1) $3\sqrt{2}$ (2) $\sqrt{30}$

(3) $\begin{cases} a \geqq 10 \text{ のとき } 6 \\ 1 \leqq a < 10 \text{ のとき } 2\sqrt{a-1} \end{cases}$

**4** 7, 43

**5** 0, $5\sqrt{2}$

**6** (1) $-x-8$, $5x+4$

(2) $\sqrt{2a}$

**7** $y=2(x-9)^2+6$

**8** $y=2(x-1)^2-3$, $y=2(x-4)^2+3$

**9** $a=-1$, $b=-2$, $c=3$

**10** $f(x)=2x^2-4x-3$, $f(x)=-2x^2+4x+1$

**11** $a=1$, $-1$

**12** (1)

$$m(t)=\begin{cases} t^2+2t & (t<-1) \\ -1 & (-1 \leqq t \leqq 2) \\ t^2-4t+3 & (2<t) \end{cases}$$

(2)

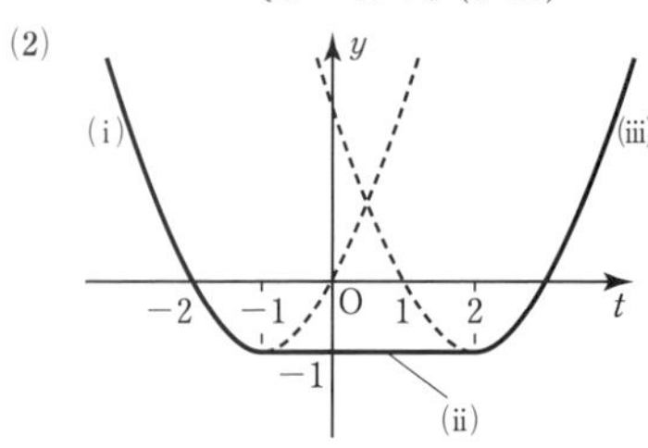


**13** (1) $x=\dfrac{3}{2}$, $y=3$, 最大値 $\dfrac{9}{2}$

(2) 最大値 $\dfrac{5}{12}$ $\left(x=\dfrac{1}{2},\ y=\pm\dfrac{1}{2}\right)$

最小値 $-\dfrac{1}{3}$ $(x=-1,\ y=0)$

**14** 最小値 5

**15** $-5$

**16** (1) 2, $-\dfrac{2}{3}$

(2) $-2 \leqq x+y \leqq 2$

**17** 3, 1

**18** $\begin{cases} a \neq -2,\ 1 \text{ のとき} \\ \quad x=\dfrac{a-3}{a-1},\ y=\dfrac{a}{a-1} \\ a=-2 \text{ のとき} \\ \quad x-y=1 \text{ を満たす } (x,\ y) \text{ の組} \\ a=1 \text{ のとき　解はない。} \end{cases}$

**19** $k=2$, $(x+y-2)(x+2y-1)$

**20** 6

**21** $a \leqq 1$, $2 \leqq a$

**22** $\begin{cases} a>\dfrac{1}{2} \text{ のとき　} 1-a<x<a \\ a=\dfrac{1}{2} \text{ のとき　解はない} \\ a<\dfrac{1}{2} \text{ のとき　} a<x<1-a \end{cases}$

**23** $a=-3$, $b=5$

**24** (1) $x<-\dfrac{3}{2}$, $1<x$

(2) $-3 \leqq a < -2$, $3 < a \leqq 4$

**25** (1)

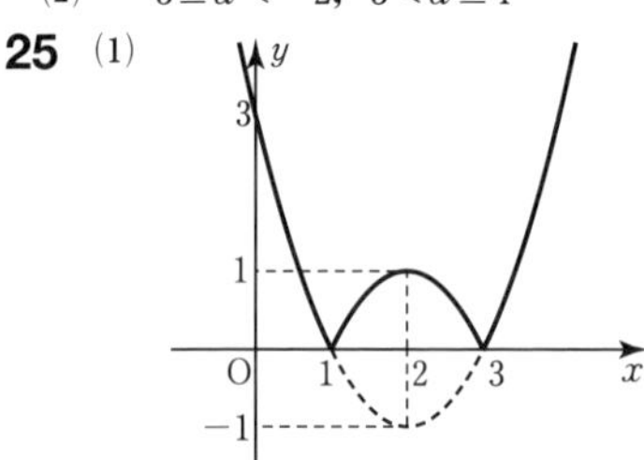


(2)

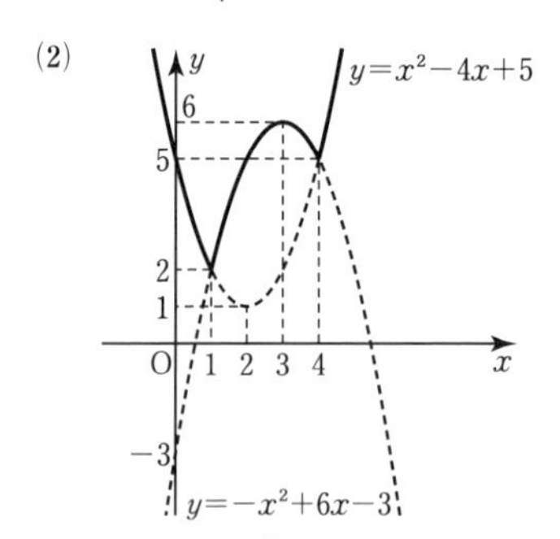


**26** $-2<k<-\dfrac{3}{2}$

**27** $0<a<\dfrac{4}{3}$

**28** (1) $-2<m<-1$ (2) $-\frac{1}{2}<a<0$

**29** (1) $x=-1,\ -1+2\sqrt{2}$

(2) $\frac{2}{3}<x<\frac{8}{3}$

(3) $x=-3,\ 4\leqq x\leqq 6$

**30** $10<k<14$

**31** (1) $A\cup B=\{-3,\ -2,\ 2,\ 7,\ 12,\ 15,\ 16\}$

(2) $\overline{A}\cap B=\{-2,\ 12,\ 16\}$

**32** (1) $0<a<\frac{1}{2}$ (2) $a\leqq -2$

**33** $n(A)=33$, $n(B)=26$, $n(A\cap B)=8$,
$n(A\cup B)=51$, $n(\overline{A}\cap B)=18$,
$n(\overline{A}\cup B)=76$, $n(\overline{A}\cup\overline{B})=93$

**34** (1) (ア) 「すべての $x$ について $f(x)<0$」

(イ) 「$a\neq b$ かつ $a\geqq c$」

(ウ) 「$m$ と $n$ の少なくとも一方は有理数」

(2) (ア) 「$a^2\leqq b^2$ ならば $a\leqq b$ または
$a+b\leqq 0$ である」

(イ) 「すべての $b$ について $g(b)\geqq 0$ ならば,
ある $a$ について $f(a)\leqq 0$ である」

**35** (1) $ax^2+bx+c=0$ が異なる2つの実数解をもつのは $D=b^2-4ac>0$ のときである。

$ac<0$ ならば $-4ac>0$ であり
$b^2\geqq 0$ だから $D=b^2-4ac>0$ となる。
よって,命題は真である。

(2) 逆:「2次方程式 $ax^2+bx+c=0$ が異なる2つの実数解をもつならば $ac<0$ である。」

偽 反例:$a=1$, $b=3$, $c=2$
$D=3^2-4\cdot1\cdot2=1>0$ で異なる2つの実数解をもつが $ac=2>0$ である。

裏:「$ac\geqq 0$ ならば2次方程式
$ax^2+bx+c=0$ は異なる2つの実数解をもたない。」

偽 反例:$a=1$, $b=3$, $c=2$
$ac=2\geqq 0$ であるが
$D=3^2-4\cdot1\cdot2=1>0$ で,異なる2つの実数解をもつ。

対偶:「2次方程式 $ax^2+bx+c=0$ が異なる2つの実数解をもたなければ $ac\geqq 0$ である。」

異なる2つの実数解をもたないのは
$D=b^2-4ac\leqq 0$ のときであるが,
$b^2\geqq 0$ だから $-4ac\leqq 0$ すなわち
$ac\geqq 0$ のときである。

よって,対偶は真である。

**36** (1) 必要 (2) × (3) 必要十分

(4) 十分

**37** (1) $-\frac{\sqrt{21}}{5}$, $-\frac{2\sqrt{21}}{21}$

(2) $\sqrt{5}-2$

**38** (1) $x=30°,\ 90°,\ 150°$

(2) $0°\leqq x\leqq 120°$

**39** $0°<\theta\leqq 45°,\ 135°\leqq\theta<180°$

**40** (1) $\frac{4}{9}$ (2) $\frac{13}{27}$

**41** $x=0°,\ 90°,\ 180°$ のとき,最大値2
$x=30°,\ 150°$ のとき,最小値1

**42** $-1\leqq k<1$ のとき 2個
$k=1$ のとき 1個
$k<-1,\ 1<k$ のとき なし

**43** (1) $\frac{21\sqrt{5}}{10}$ (2) $12\sqrt{5}$ (3) $\sqrt{5}$

**44** $1,\ \frac{3}{2},\ \frac{7}{8},\ \frac{\sqrt{15}}{4}$

**45** $\frac{20\sqrt{3}}{9}$

**46** $\frac{6\sqrt{7}}{5}$

**47** (1) $\angle\mathrm{AMB}=\theta$ とおくと
$\angle\mathrm{AMC}=180°-\theta$

$\triangle$ABM に余弦定理を用いて

$$\mathrm{AB}^2=\mathrm{AM}^2+\mathrm{BM}^2-2\mathrm{AM}\cdot\mathrm{BM}\cdot\cos\theta \quad \cdots\cdots①$$

$\triangle$ACM に余弦定理を用いて

$$\mathrm{AC}^2=\mathrm{AM}^2+\mathrm{CM}^2-2\mathrm{AM}\cdot\mathrm{CM}\cdot\cos(180°-\theta)$$

$\cos(180°-\theta)=-\cos\theta$ だから

$$\mathrm{AC}^2=\mathrm{AM}^2+\mathrm{CM}^2+2\mathrm{AM}\cdot\mathrm{CM}\cdot\cos\theta\cdots\cdots②$$

①+②より

$$\mathrm{AB}^2+\mathrm{AC}^2=2\mathrm{AM}^2+\mathrm{BM}^2+\mathrm{CM}^2-2\mathrm{AM}\cdot\mathrm{BM}\cdot\cos\theta+2\mathrm{AM}\cdot\mathrm{CM}\cdot\cos\theta$$

ここで,BM=CM だから

$$\mathrm{AB}^2+\mathrm{AC}^2=2(\mathrm{AM}^2+\mathrm{BM}^2)$$

が成り立つ。

(2) $\cos\theta=\dfrac{1}{3}$，$AC=\sqrt{33}$

**48** $2\leqq x<\dfrac{7}{2}$，$x=3$

**49** (1) $\angle B=90^\circ$ の直角三角形
(2) $a=b$ の二等辺三角形　または
$\angle C=90^\circ$ の直角三角形

**50** (1) 9　(2) $\dfrac{5\sqrt{23}}{2}$

**51** (1) $x=3$，$y=2$
(2) $x=2$，3，4，5
(3) $x=1$，2，3，4

**52** (1) 正しい
(2) 正しいとはいえない　(3) 正しい
(4) 正しいとはいえない

**53** (1) $\bar{x}=8$，$s^2=10$，$s=\sqrt{10}$
(2) 平均値は 11，分散は 10

**54** 0.45

**55** (1) 新しい宣伝は効果はあったといえる
(2) 新しい宣伝は効果はあったといえない

**56** (1) 300　(2) 30　(3) 30 通り

**57** (1) 1440 通り
(2) 720 通り
(3) 210 通り

**58** (1) 60，36
(2) (ア) 120，60，60　(イ) 18，48，32

**59** (1) 120 通り　(2) 48 通り
(3) 24 通り　(4) 12 通り

**60** (1) 28　(2) 420　(3) 462
(4) 868

**61** (1) 120 通り　(2) 2520 通り
(3) 2100 通り　(4) 2800 通り

**62** (1) 144，1440
(2) (ア) 126 通り　(イ) 1206 通り

**63** (1) 126 通り　(2) 60 通り
(3) 27 通り　(4) 33 通り　(5) 33 通り

**64** (1) 55 通り　(2) 35 個

**65** (1) 220 個　(2) 12 個　(3) 96 個
(4) 60 個　(5) 120 個　(6) 40 個

**66** (1) $\dfrac{5}{9}$　(2) $\dfrac{1}{4}$

**67** (1) (i) $\dfrac{1}{20}$　(ii) $\dfrac{3}{10}$
(2) $\dfrac{11}{15}$　(3) $\dfrac{3}{5}$

**68** (1) $\dfrac{12}{35}$，$\dfrac{29}{35}$　(2) $\dfrac{17}{24}$

**69** (1) $\dfrac{19}{70}$　(2) $\dfrac{11}{42}$

**70** (1) $\dfrac{1}{9}$　(2) $\dfrac{1}{9}$　(3) $\dfrac{5}{27}$
(4) $\dfrac{4}{27}$

**71** (1) $\dfrac{5}{54}$，$\dfrac{49}{54}$　(2) $\dfrac{125}{216}$，$\dfrac{61}{216}$

**72** (1) $\dfrac{5}{16}$
(2) (ア) $\dfrac{2}{9}$　(イ) $\dfrac{10}{27}$

**73** (1) $\dfrac{3}{16}$　(2) $\dfrac{3}{8}$

**74** $\dfrac{105}{512}$

**75** (1) $p_k={}_{100}C_k\left(\dfrac{1}{6}\right)^k\left(\dfrac{5}{6}\right)^{100-k}$，
$p_{k+1}={}_{100}C_{k+1}\left(\dfrac{1}{6}\right)^{k+1}\left(\dfrac{5}{6}\right)^{99-k}$
(2) $k=16$

**76** (1) $\dfrac{1}{4}$　(2) $\dfrac{1}{8}$

**77** $\dfrac{9}{19}$

**78** $\dfrac{5}{42}$，$\dfrac{10}{21}$，$\dfrac{5}{14}$，$\dfrac{1}{21}$，$\dfrac{4}{3}$

**79** (1) $x=6$，$y=24$　(2) $x=2\sqrt{5}$

**80** (1) $x=20^\circ$，$y=120^\circ$
(2) $x=25^\circ$，$y=40^\circ$
(3) $x=45^\circ$，$y=95^\circ$

**81** (1) $x=35^\circ$
(2) $x=100^\circ$，$y=20^\circ$
(3) $x=5$，$y=10^\circ$

**82** (1) $x=12$
(2) $x=1+\sqrt{5}$
(3) $x=\dfrac{9}{2}$

**83** (1) $x=6$
(2) $x=2(\sqrt{2}+\sqrt{6})$
(3) $d>8$ のとき　共有点は 0 個
$d=8$ のとき　共有点は 1 個
$2<d<8$ のとき　共有点は 2 個
$d=2$ のとき　共有点は 1 個
$0\leqq d<2$ のとき　共有点は 0 個

**84** $\frac{5}{2}$，$\frac{7}{3}$

**85** BP：PC$=(n+2):(n+1)$

AO：OP$=(2n+3):n$

$\frac{\triangle ABC}{\triangle OBC}=\frac{3n+3}{n}$

**86** (1) $(7,\ 84)$，$(21,\ 28)$　(2) 140 と 266

**87** 12，15

**88** 27，15330

**89** (1) $n(n+1)(2n+1)$

$=n(n+1)\{(n-1)+(n+2)\}$

$=(n-1)n(n+1)+n(n+1)(n+2)$

連続する 3 整数の積は 6 の倍数だから与式は 6 の倍数である。

(2) $n(n^2+5)=n^3+5n$

$=n^3-n+6n$

$=(n-1)n(n+1)+6n$

よって，連続する 3 整数の積は 6 の倍数だから与式は 6 の倍数である。

**90** (1) 命題の対偶は「$n$ が偶数ならば，$n^2$ は偶数である」

$n=2k$（$k$ は整数）のとき

$n^2=(2k)^2=2\cdot 2k^2=$(偶数)

よって，対偶が成り立つからもとの命題も成り立つ。

(2) 命題の対偶は「$n$ が 5 で割り切れなければ $n^3$ は 5 で割り切れない」

(i) $n=5k\pm1$ のとき

$n^3=(5k\pm1)^3$

$=125k^3\pm75k^2+15k\pm1$

$=5(25k^3\pm15k^2+3k)\pm1$

$=$(5 の倍数)$\pm1$（複号同順）

となるから，5 で割り切れない。

(ii) $n=5k\pm2$ のとき

$n^3=(5k\pm2)^3$

$=125k^3\pm150k^2+60k\pm8$

$=5(25k^3\pm30k^2+12k\pm1)\pm3$

$=$(5 の倍数)$\pm3$（複号同順）

となるから 5 で割り切れない。

よって，(i)，(ii)より対偶が成り立つからもとの命題も成り立つ。

**91** (1) (ア) 114　(イ) 23

(2) (ア) $x=13$，$y=-15$

(イ) $x=26$，$y=-3$

**92** (1) $x=11k+6$，$y=14k+7$

(2) 58，135，212，289

**93** (1) 12

(2) $(x,\ y)=(2,\ 3)$，$(2,\ 7)$

(3) $(x,\ y)=(2,\ 1)$，$(-1,\ -2)$

**94** (1) $xy+yz+zx=xyz$

の両辺を $xyz$（$\neq0$）で割ると

$\frac{1}{x}+\frac{1}{y}+\frac{1}{z}=1$　となる。

$x\leqq y\leqq z$ より $\frac{1}{x}\geqq\frac{1}{y}\geqq\frac{1}{z}$ だから

$$1=\frac{1}{x}+\frac{1}{y}+\frac{1}{z}\leqq\frac{1}{x}+\frac{1}{x}+\frac{1}{x}=\frac{3}{x}$$

よって，$1\leqq\frac{3}{x}$ より $x\leqq3$

(2) $(x,\ y,\ z)=(2,\ 3,\ 6)$，$(2,\ 4,\ 4)$，$(3,\ 3,\ 3)$

**95** 6，14

**96** (1) $n=24$　(2) 249 個

**97** (1) $a$，$b$ ともに奇数であると仮定する。

$a=2k+1$，$b=2l+1$（$k$，$l$ は整数）

とすると

$a^2+b^2=(2k+1)^2+(2l+1)^2$

$=(4k^2+4k+1)+(4l^2+4l+1)$

$=4(k^2+l^2+k+l)+2$

$=$(4 の倍数)$+2$

より，$a^2+b^2$ は 4 で割ると 2 余る

一方，$m$ を整数として

$c=2m$ のとき

$c^2=4m^2=$(4 の倍数)

$c=2m+1$ のとき

$c^2=(2m+1)^2=4m^2+4m+1$

$=4(m^2+m)+1$

$=$(4 の倍数)$+1$

より，$c^2$ は 4 で割ると余りは 0 か 1 である。

よって，$a^2+b^2=c^2$ に矛盾するから，$a$，$b$ のうち少なくとも一方は偶数である。

(2) $3a+b$ と $5a+2b$ が互いに素でないと仮定すると，最大公約数を $G$（$G\geqq2$）として

$3a+b=Gm$　……①

$5a+2b=Gn$　……②

（$m$，$n$ は互いに素）と表せる。

①×2−②より

$a=2Gm-Gn$

$a=G(2m-n)$

よって，$a$ は $G$ を約数にもつ。

①×5−②×3 より

$-b=5Gm-2Gn$

$b=G(2n-5m)$

よって，$b$ は $G$ を約数にもつ。

これより，$a$ と $b$ は $G$ を公約数にもつから互いに素であることに矛盾する。

ゆえに，$a$ と $b$ が互いに素であるとき $3a+b$ と $5a+2b$ は互いに素である。

**98** (1) $120_{(3)}$，65，0.28

(2) $N=66$

**1** (1) 項の組合せを考えて，共通因数を見つける。

$x^3+4x^2-4x-16$
$=(x^3+4x^2)-(4x+16)$
$=x^2(x+4)-4(x+4)$
$=(x+4)(x^2-4)$
$=\boldsymbol{(x+4)(x+2)(x-2)}$

(2) $a$ と $b$ の次数の低い方の文字 $b$ で整理する。

$a^3+a^2-2a-a^2b-ab+2b$
$=a^3+a^2-2a-(a^2+a-2)b$
$=(a^2+a-2)a-(a^2+a-2)b$
$=(a^2+a-2)(a-b)$
$=\boldsymbol{(a+2)(a-1)(a-b)}$

(3) $a$, $b$, $c$ どの文字についても2次式。1つの文字の2次式として整理してタスキ掛け。

$(a+b)(b+c)(c+a)+abc$
$=(b+c)\{(a+b)(c+a)\}+abc$
$=(b+c)\{a^2+(b+c)a+bc\}+abc$
$=(b+c)a^2+\{(b+c)^2+bc\}a$
$\qquad+bc(b+c)$

$$\begin{array}{ccc} 1 & (b+c) \cdots\cdots & (b+c)^2 \\ (b+c) & bc \quad \cdots\cdots & bc \\ \hline & & (b+c)^2+bc \end{array}$$

$=(a+b+c)\{(b+c)a+bc\}$
$=\boldsymbol{(a+b+c)(ab+bc+ca)}$

(4) $x^2=X$, $y^2=Y$ としても $X^2-3XY+Y^2$ は因数分解できないから $A^2-X^2$ の型を考える。

$x^4-3x^2y^2+y^4$
$=(x^4-2x^2y^2+y^4)-x^2y^2$
$=(x^2-y^2)^2-(xy)^2$
$=(x^2-y^2+xy)(x^2-y^2-xy)$
$=\boldsymbol{(x^2+xy-y^2)(x^2-xy-y^2)}$

**2** (1) $x+y$, $xy$ の値を求めて，対称式の基本変形を行う。

$x=\dfrac{4(3-\sqrt{5})}{(3+\sqrt{5})(3-\sqrt{5})}$
$\ =\dfrac{4(3-\sqrt{5})}{9-5}=3-\sqrt{5}$

$y=\dfrac{4(3+\sqrt{5})}{(3-\sqrt{5})(3+\sqrt{5})}$
$\ =\dfrac{4(3+\sqrt{5})}{9-5}=3+\sqrt{5}$

$x+y=(3-\sqrt{5})+(3+\sqrt{5})=6$
$xy=(3-\sqrt{5})(3+\sqrt{5})=4$
$x^2+y^2=(x+y)^2-2xy$
$\qquad=6^2-2\cdot4=\boldsymbol{28}$
$x^3+y^3=(x+y)^3-3xy(x+y)$
$\qquad=6^3-3\cdot4\cdot6$
$\qquad=216-72=\boldsymbol{144}$
$(\sqrt{x}-\sqrt{y})^2=x-2\sqrt{xy}+y$
$\qquad=6-2\sqrt{4}=2$
$x<y$ より　$\sqrt{x}-\sqrt{y}<0$　だから
$\sqrt{x}-\sqrt{y}=\boldsymbol{-\sqrt{2}}$

別解　2乗根号をはずして求める。

$\sqrt{x}=\sqrt{3-\sqrt{5}}=\sqrt{\dfrac{6-2\sqrt{5}}{2}}$
$\quad=\dfrac{\sqrt{5}-1}{\sqrt{2}}$

$\sqrt{y}=\sqrt{3+\sqrt{5}}=\sqrt{\dfrac{6+2\sqrt{5}}{2}}$
$\quad=\dfrac{\sqrt{5}+1}{\sqrt{2}}$

$\sqrt{x}-\sqrt{y}=\dfrac{\sqrt{5}-1}{\sqrt{2}}-\dfrac{\sqrt{5}+1}{\sqrt{2}}$
$\qquad=-\dfrac{2}{\sqrt{2}}=\boldsymbol{-\sqrt{2}}$

(2) $x^5+y^5=(x^2+y^2)(x^3+y^3)-(x^3y^2+x^2y^3)$ と変形する。

$x^2+y^2=(x+y)^2-2xy$
$\quad 1=2^2-2xy$

よって，$xy=\mathbf{\frac{3}{2}}$

$x^3+y^3=(x+y)^3-3xy(x+y)$

$=2^3-3\cdot\frac{3}{2}\cdot2=\mathbf{-1}$

$x^5+y^5$

$=(x^2+y^2)(x^3+y^3)-(x^3y^2+x^2y^3)$

$=(x^2+y^2)(x^3+y^3)-x^2y^2(x+y)$

$=1\cdot(-1)-\left(\frac{3}{2}\right)^2\cdot2$

$=-1-\frac{9}{2}=\mathbf{-\frac{11}{2}}$

(3) **$a+b=2-c$，$b+c=2-a$ $c+a=2-b$ として代入して $(a+b+c)^2=a^2+b^2+c^2+2ab+2bc+2ca$ の展開公式を利用する。**

$ab(a+b)+bc(b+c)+ca(c+a)$

$=ab(2-c)+bc(2-a)+ca(2-b)$

$=2(ab+bc+ca)-3abc$ ……①

ここで，

$(a+b+c)^2=a^2+b^2+c^2+2ab+2bc+2ca$

$2^2=8+2(ab+bc+ca)$

よって，$ab+bc+ca=-2$

①に代入して

与式$=2\cdot(-2)-3\cdot(-3)=\mathbf{5}$

**3** **$\sqrt{(a+b)\pm2\sqrt{ab}}$ の形に変形する。**

(1) $\sqrt{7+2\sqrt{10}}+\sqrt{13-4\sqrt{10}}$

$=\sqrt{7+2\sqrt{10}}+\sqrt{13-2\sqrt{40}}$

$=\sqrt{(5+2)+2\sqrt{5\times2}}+\sqrt{(8+5)-2\sqrt{8\times5}}$

$=(\sqrt{5}+\sqrt{2})+(\sqrt{8}-\sqrt{5})$

$=\sqrt{2}+2\sqrt{2}=\mathbf{3\sqrt{2}}$

(2) $\sqrt{8+\sqrt{15}}+\sqrt{8-\sqrt{15}}$

$=\sqrt{\frac{16+2\sqrt{15}}{2}}+\sqrt{\frac{16-2\sqrt{15}}{2}}$

$=\frac{\sqrt{(15+1)+2\sqrt{15\times1}}}{\sqrt{2}}+\frac{\sqrt{(15+1)-2\sqrt{15\times1}}}{\sqrt{2}}$

$=\frac{\sqrt{15}+1}{\sqrt{2}}+\frac{\sqrt{15}-1}{\sqrt{2}}=\frac{2\sqrt{15}}{\sqrt{2}}=\mathbf{\sqrt{30}}$

(3) **$\sqrt{a+8\pm6\sqrt{a-1}}$ $=\sqrt{(a+8)\pm2\sqrt{9(a-1)}}$ と変形する。**
**$9+(a-1)\pm2\sqrt{9(a-1)}$**
**和　　　積**
**$a-1\geqq9$ と $a-1<9$ の場合分けが必要。**

与式$=\sqrt{a+8+2\sqrt{9(a-1)}}-\sqrt{a+8-2\sqrt{9(a-1)}}$

$=\sqrt{\{(a-1)+9\}+2\sqrt{9(a-1)}}-\sqrt{\{(a-1)+9\}-2\sqrt{9(a-1)}}$

$a-1\geqq9$ すなわち $a\geqq10$ のとき

与式$=(\sqrt{a-1}+\sqrt{9})-(\sqrt{a-1}-\sqrt{9})$

$=2\sqrt{9}=6$

$a-1<9$ すなわち $1\leqq a<10$ のとき

与式$=(\sqrt{9}+\sqrt{a-1})-(\sqrt{9}-\sqrt{a-1})$

$=2\sqrt{a-1}$

よって，$\begin{cases}\mathbf{a\geqq10} \text{ のとき } \mathbf{6}\\ \mathbf{1\leqq a<10} \text{ のとき } \mathbf{2\sqrt{a-1}}\end{cases}$

**4** **まず，分母を有理化して $a+\sqrt{b}$ の形にし，自然数 $n$ で $n<\sqrt{b}<n+1$ と表す。**

$\frac{1}{4-\sqrt{15}}=\frac{4+\sqrt{15}}{(4-\sqrt{15})(4+\sqrt{15})}$

$=\frac{4+\sqrt{15}}{16-15}=4+\sqrt{15}$

$3<\sqrt{15}<4$ だから $7<4+\sqrt{15}<8$

よって，整数部分は $a=\mathbf{7}$

小数部分は $b=(4+\sqrt{15})-7$

$=\sqrt{15}-3$

$a^2-b(b+6)$

$=7^2-(\sqrt{15}-3)(\sqrt{15}-3+6)$

$=49-(\sqrt{15}-3)(\sqrt{15}+3)$

$=49-(15-9)=\mathbf{43}$

**5** **$x=\sqrt{2}-1$ から関係式 $x^2+2x-1=0$ を導き，与式を $x^2+2x-1$ を使って表す。**

$x+1=\sqrt{2}$ として両辺を 2 乗する。

$(x+1)^2=(\sqrt{2})^2$, $x^2+2x+1=2$

よって，$x^2+2x-1=\mathbf{0}$ ……①

$x^4+2x^3-x^2+5x+5$

$=x^2(x^2+2x-1)+5x+5$

$x=\sqrt{2}-1$ を代入すると，①より

$x^2+2x-1=0$ だから

$=(\sqrt{2}-1)^2\cdot 0+5(\sqrt{2}-1)+5$

$=\mathbf{5\sqrt{2}}$

**別解**

**割り算（数Ⅱ）を利用して，関係式を導いてもよい。**

$$\begin{array}{r|l} & x^2 \\ x^2+2x-1 & x^4+2x^3-x^2+5x+5 \\ & x^4+2x^3-x^2 \\ \hline & \qquad\qquad 5x+5 \end{array}$$

$x^4+2x^3-x^2+5x+5$

$=x^2(x^2+2x-1)+5x+5$

以下同様

## 6

**$\sqrt{(x-a)^2}=|x-a|$ となるから，$x-a\geqq 0$ と $x-a<0$ の場合に分けて考える。**

(1) $\sqrt{9x^2+36x+36}-\sqrt{4x^2-8x+4}$

$=\sqrt{9(x^2+4x+4)}-\sqrt{4(x^2-2x+1)}$

$=3\sqrt{(x+2)^2}-2\sqrt{(x-1)^2}$

$=3|x+2|-2|x-1|$

$x<-5$ のとき　$x+2<0$，$x-1<0$

だから

与式$=-3(x+2)+2(x-1)=\mathbf{-x-8}$

$|x|<1$ すなわち $-1<x<1$ のとき

$x+2>0$，$x-1<0$　だから

与式$=3(x+2)+2(x-1)=\mathbf{5x+4}$

(2) $a(\sqrt{x+1}+\sqrt{x-1})$

$=a\left(\sqrt{\dfrac{1+a^2}{2a}+1}+\sqrt{\dfrac{1+a^2}{2a}-1}\right)$

$=a\left(\sqrt{\dfrac{1+a^2+2a}{2a}}+\sqrt{\dfrac{1+a^2-2a}{2a}}\right)$

$=a\left(\sqrt{\dfrac{(a+1)^2}{2a}}+\sqrt{\dfrac{(a-1)^2}{2a}}\right)$

$=a\left(\dfrac{|a+1|}{\sqrt{2a}}+\dfrac{|a-1|}{\sqrt{2a}}\right)$

$0<a\leqq 1$ だから　$|a+1|=a+1$

$|a-1|=-a+1$

よって，

与式$=a\left(\dfrac{a+1}{\sqrt{2a}}+\dfrac{-a+1}{\sqrt{2a}}\right)$

$=a\cdot\dfrac{2}{\sqrt{2a}}=\mathbf{\sqrt{2a}}$

## 7

**頂点は，この移動によりどこに移ったかを調べる。グラフの逆転にも注意。**

$y=-2x^2+4x-4$

$=-2(x-1)^2-2$

より，頂点は $(1,\ -2)$ で

$x$ 軸に関して対称に移動すると

$(1,\ -2)\longrightarrow(1,\ 2)$ に移る。

さらに，$x$ 軸方向に 8，$y$ 軸方向に 4 だけ平行移動すると

$(1,\ 2)\longrightarrow(9,\ 6)$　に移る。

よって，$\mathbf{y=2(x-9)^2+6}$

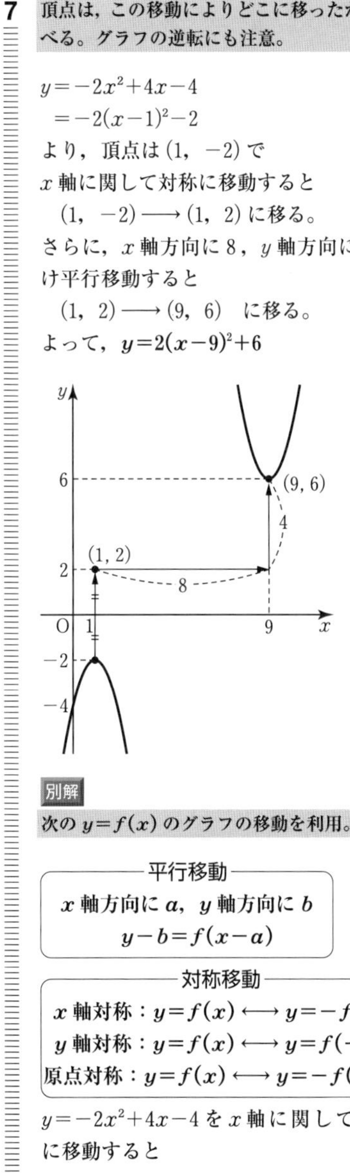


**別解**

**次の $y=f(x)$ のグラフの移動を利用。**

**平行移動**

**$x$ 軸方向に $a$，$y$ 軸方向に $b$**

**$y-b=f(x-a)$**

**対称移動**

**$x$ 軸対称：$y=f(x)\longleftrightarrow y=-f(x)$**

**$y$ 軸対称：$y=f(x)\longleftrightarrow y=f(-x)$**

**原点対称：$y=f(x)\longleftrightarrow y=-f(-x)$**

$y=-2x^2+4x-4$ を $x$ 軸に関して対称に移動すると

$y=-(-2x^2+4x-4)$
$=2x^2-4x+4$
$x$ 軸方向に 8，$y$ 軸方向に 4 だけ平行移動すると
$y-4=2(x-8)^2-4(x-8)+4$
$y=2x^2-32x+128-4x+32+8$
よって，$\boldsymbol{y=2x^2-36x+168}$

**8** **直線 $y=2x-5$ 上の点を $(t,\ 2t-5)$ とおく。**

頂点が直線 $y=2x-5$ 上にあるから頂点の座標を $(t,\ 2t-5)$ とおくと，
$y=2(x-t)^2+2t-5$
と表せる。
点 $(3,\ 5)$ を通るから
$5=2(3-t)^2+2t-5$
$=2t^2-12t+18+2t-5$
$2t^2-10t+8=0$ より $t^2-5t+4=0$
$(t-1)(t-4)=0$　より　$t=1,\ 4$
$t=1$ のとき
$\boldsymbol{y=2(x-1)^2-3}$
$t=4$ のとき
$\boldsymbol{y=2(x-4)^2+3}$

別解
$y=2(x-p)^2+q$ とおくと
頂点 $(p,\ q)$ が直線 $y=2x-5$ 上にあるから
$q=2p-5$　……①
点 $(3,\ 5)$ を通るから
$5=2(3-p)^2+q$
$2p^2-12p+q=-13$　……②
①を②に代入して
$2p^2-12p+2p-5=-13$
$p^2-5p+4=0$，$(p-1)(p-4)=0$
$p=1,\ 4$　①に代入して
$p=1$ のとき $q=-3$ で
$\boldsymbol{y=2(x-1)^2-3}$
$p=4$ のとき $q=3$ で
$\boldsymbol{y=2(x-4)^2+3}$

別解
$y=2x^2+bx+c$ とおき
$=2\left(x+\dfrac{b}{4}\right)^2-\dfrac{b^2}{8}+c$　と変形。
頂点 $\left(-\dfrac{b}{4},\ -\dfrac{b^2}{8}+c\right)$ が直線 $y=2x-5$ 上にあるから
$-\dfrac{b^2}{8}+c=2\cdot\left(-\dfrac{b}{4}\right)-5$
これより $b^2-4b-8c=40$　……①
点 $(3,\ 5)$ を通るから
$5=18+3b+c$
$c=-3b-13$ を①に代入して
$b^2-4b-8(-3b-13)=40$
$b^2+20b+64=0$
$(b+4)(b+16)=0$
$b=-4,\ -16$
$b=-4$ のとき $c=-1$
よって，$\boldsymbol{y=2x^2-4x-1}$
$b=-16$ のとき $c=35$
よって，$\boldsymbol{y=2x^2-16x+35}$
(この別解はやや計算が大変である。)

**9** **$x=-1$ で最大値 4 をとるから，頂点は $(-1,\ 4)$ で，グラフは上に凸である。**

$x=-1$ で最大値 4 をとるから
$y=a(x+1)^2+4$　$(a<0)$　とおける。
点 $(1,\ 0)$ を通るから
$a(1+1)^2+4=0$
$4a+4=0$　より
$a=-1$　($a<0$ を満たす)
ゆえに　$y=-1\cdot(x+1)^2+4$
$=-x^2-2x+3$
これが $y=ax^2+bx+c$ に等しいから
$\boldsymbol{a=-1,\ b=-2,\ c=3}$
(参考)
$y=ax^2+bx+c$
$=a\left(x+\dfrac{b}{2a}\right)^2-\dfrac{b^2-4ac}{4a}$
と，まともに変形するのは計算が面倒である。

**10** **$a>0$ (下に凸) の場合と $a<0$ (上に凸) の場合に分けて考える。**

$f(x)=ax^2-2ax+b$
$=a(x-1)^2-a+b$ と変形する。

(i) $a>0$ のとき

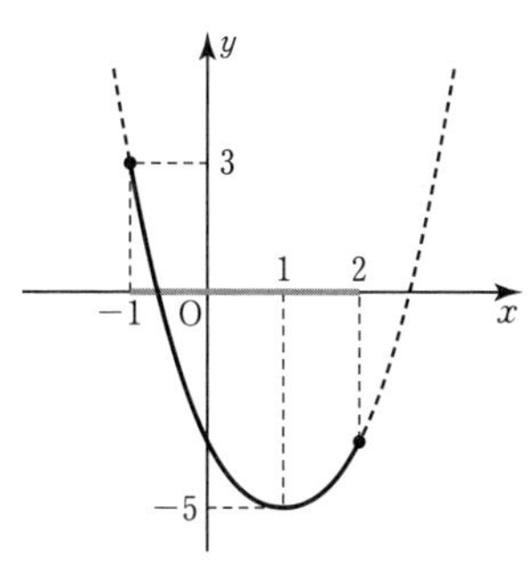


上のグラフより
最大値は $x=-1$ のときで
$f(-1)=3a+b=3$ ……①
最小値は $x=1$ のときで
$f(1)=-a+b=-5$ ……②
①，②を解いて
$a=2,\ b=-3$ ($a>0$ を満たす。)

(ii) $a<0$ のとき

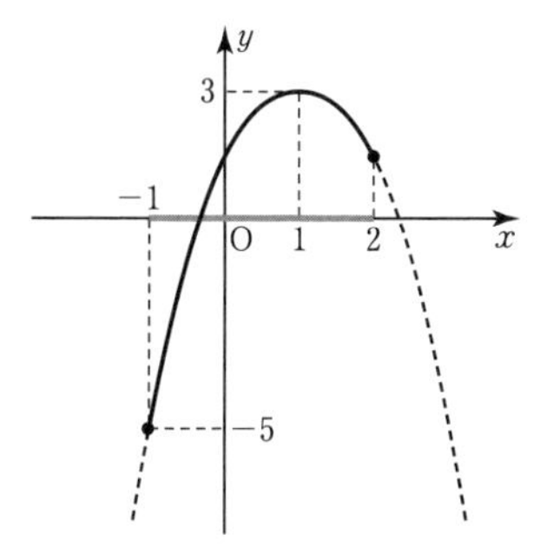


上のグラフより
最大値は $x=1$ のときで
$f(1)=-a+b=3$ ……①
最小値は $x=-1$ のときで
$f(-1)=3a+b=-5$ ……②
①，②を解いて
$a=-2,\ b=1$ ($a<0$ を満たす。)

よって，(i)，(ii)より
$\boldsymbol{f(x)=2x^2-4x-3,}$
$\boldsymbol{f(x)=-2x^2+4x+1}$

**11** **グラフの軸 $x=a$ と定義域 $0\leqq x\leqq 2$ の関係を考えて場合分けをする。**

$y=f(x)=2x^2-4ax+a$ とし
$=2(x-a)^2-2a^2+a$
と変形する。
グラフは軸 $x=a$ の値によって，次のように分類される。

(i) $a<0$ のとき

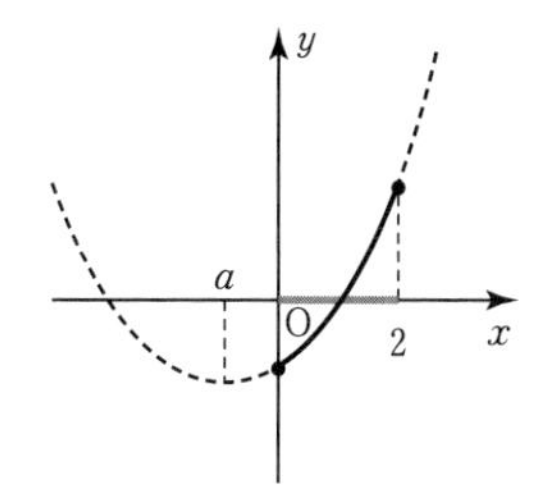


最小値は $x=0$ のときだから
$f(0)=a=-1$
これは $a<0$ を満たす。

(ii) $0\leqq a\leqq 2$ のとき

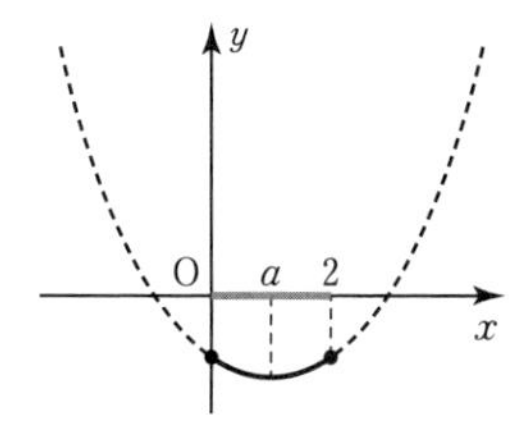


最小値は $x=a$ のときだから
$f(a)=-2a^2+a=-1$
$2a^2-a-1=0$
$(a-1)(2a+1)=0$
$a=1,\ -\dfrac{1}{2}$

ただし，$a=-\dfrac{1}{2}$ は $0\leqq a\leqq 2$ を満たさない。

(iii) $2<a$ のとき

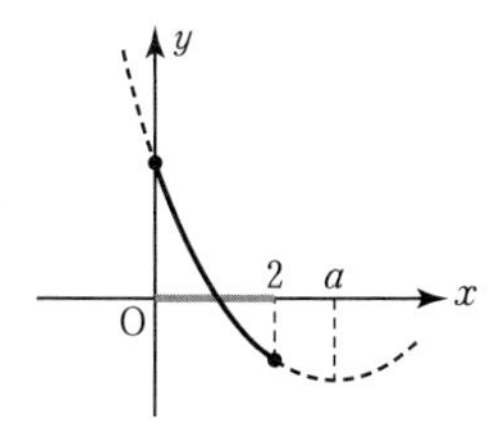


最小値は $x=2$ のときだから

$f(2)=8-8a+a$

$=-7a+8=-1$

$a=\frac{9}{7}$

これは $2<a$ を満たさない。

よって，(i)，(ii)，(iii)より　$\boldsymbol{a=1,\ -1}$

**12** **グラフの軸 $x=1$ と定義域 $t-1\leqq x\leqq t+2$ の関係を考えて，場合分けをする。**

(1)　$f(x)=(x-1)^2-1$ と変形する。
$t$ の値によって，次のように分類できる。

(i)　$t+2<1$ すなわち $t<-1$ のとき

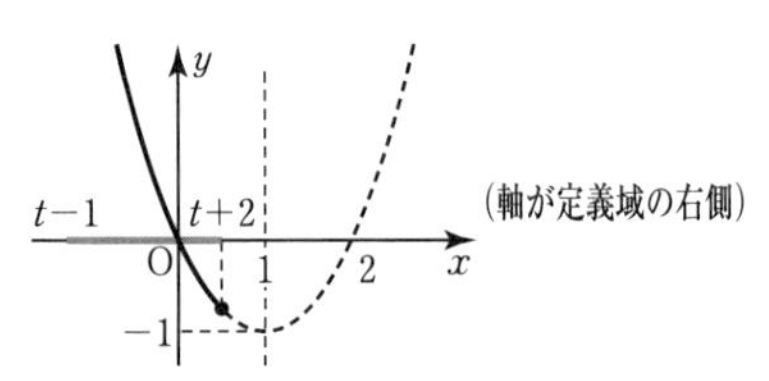


最小値は $x=t+2$ のときだから

$m(t)=f(t+2)$

$=(t+1)^2-1$

$=t^2+2t$

(ii)　$t-1\leqq 1\leqq t+2$ すなわち $-1\leqq t\leqq 2$ のとき

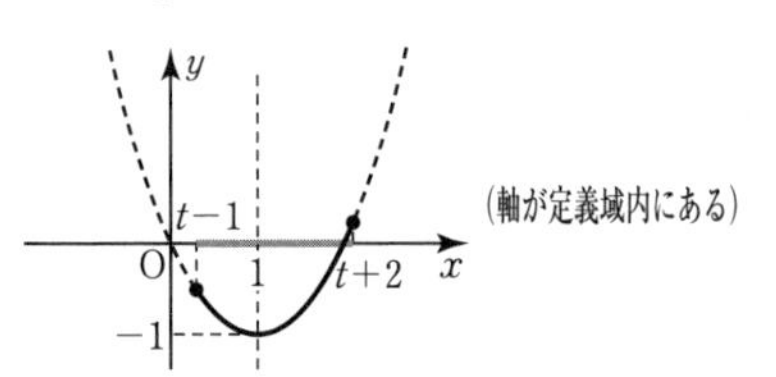


最小値は $x=1$ のときだから

$m(t)=f(1)=-1$

(iii)　$1<t-1$ すなわち $2<t$ のとき

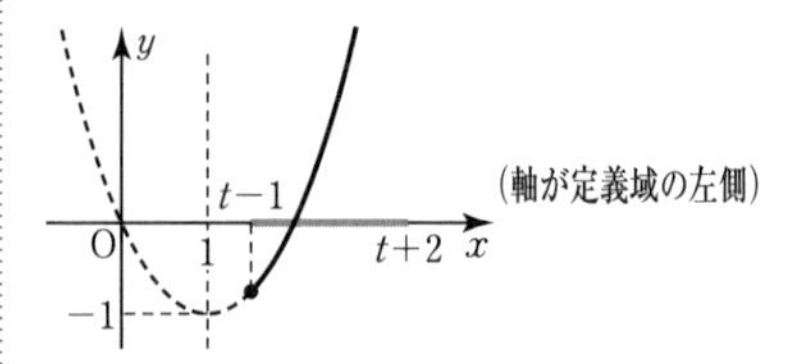


最小値は $x=t-1$ のときだから

$m(t)=f(t-1)$

$=(t-2)^2-1$

$=t^2-4t+3$

よって，(i)，(ii)，(iii)より

$$\boldsymbol{m(t)=\begin{cases} t^2+2t & (t<-1) \\ -1 & (-1\leqq t\leqq 2) \\ t^2-4t+3 & (2<t) \end{cases}}$$

(2)　$y=m(t)$ のグラフは次のようになる。

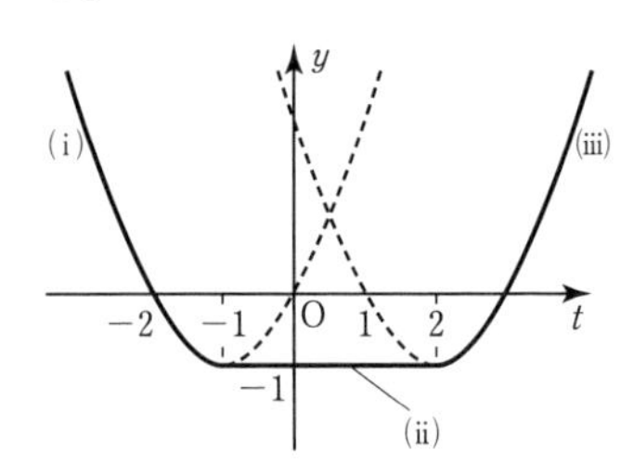


**13** (1)　**$y=6-2x$ を代入して $x$ の 2 次関数にする。$x$ の定義域の制限はない。**

$z=xy$ とおいて，$y=6-2x$ を代入する。

$z=x(6-2x)=-2x^2+6x$

$=-2\left\{\left(x-\frac{3}{2}\right)^2-\frac{9}{4}\right\}$

$=-2\left(x-\frac{3}{2}\right)^2+\frac{9}{2}$

よって，$\boldsymbol{x=\frac{3}{2}}$，このとき $\boldsymbol{y=3}$ で

**最大値** $\boldsymbol{\frac{9}{2}}$

(2)　**$x^2+3y^2=1$ の条件より $x$ の範囲が $-1\leqq x\leqq 1$ と制限される。**

$3y^2=1-x^2\geqq 0$　より　$-1\leqq x\leqq 1$

$z=\frac{1}{3}x+y^2$　とおいて，$y^2=\frac{1-x^2}{3}$ を代入すると

$z=\frac{1}{3}x+\frac{1-x^2}{3}=-\frac{1}{3}x^2+\frac{1}{3}x+\frac{1}{3}$

$=-\frac{1}{3}\left(x-\frac{1}{2}\right)^2+\frac{5}{12}$　$(-1\leqq x\leqq 1)$

次ページのグラフより

$x=\frac{1}{2}$ のとき最大値 $\frac{5}{12}$

このとき $y$ の値は

$y^2=\frac{1}{3}\left(1-\frac{1}{4}\right)=\frac{1}{4}$ より $y=\pm\frac{1}{2}$

$x=-1$ のとき最小値 $-\frac{1}{3}$

このとき $y$ の値は

$y^2=0$ より $y=0$

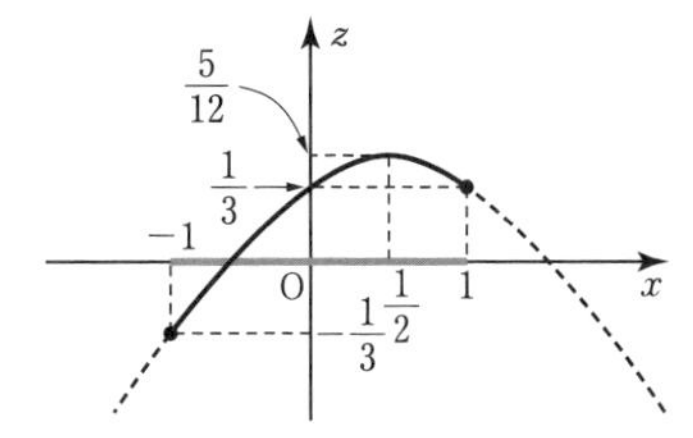


よって，**最大値 $\frac{5}{12}$ $\left(x=\frac{1}{2},\ y=\pm\frac{1}{2}\right)$**

**最小値 $-\frac{1}{3}$ $(x=-1,\ y=0)$**

## 14

**まず，$x$ についての2次関数とみて平方完成，次に，残りの $y$ の式を平方完成する。**

$x^2-4xy+5y^2+6x-14y+15$

$=x^2-(4y-6)x+5y^2-14y+15$

$=\{x-(2y-3)\}^2-(2y-3)^2+5y^2-14y+15$

$=(x-2y+3)^2+y^2-2y+6$

$=(x-2y+3)^2+(y-1)^2+5$

よって，$x-2y+3=0$ かつ $y-1=0$

すなわち $x=-1$，$y=1$ のとき**最小値 5**

## 15

**$x^2-2x=t$ とおいて，$t$ の2次関数で考える。このとき，$t$ のとりうる範囲に注意。**

$x^2-2x=t$，$y=f(t)$ とおくと

$t=(x-1)^2-1$

$(x-1)^2\geqq 0$　だから　$t\geqq -1$

$y=t^2+6t=(t+3)^2-9$ と変形して

$t\geqq -1$ の範囲で

グラフをかく。

右のグラフより

$t=-1$ すなわち

$x=1$ のとき

**最小値 −5**

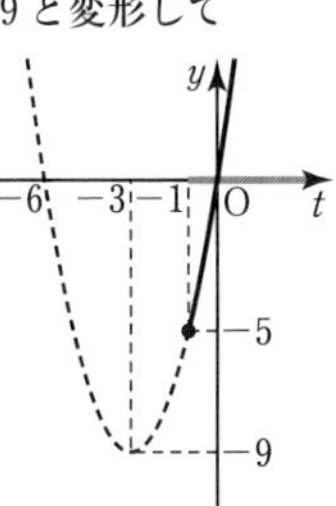


## 16

(1) **$x$ の2次方程式とみて，$x$ の実数（実数解）条件をとる。**

$x^2-xy+y^2-y-1=0$

$x$ は実数だから

$D=y^2-4(y^2-y-1)\geqq 0$

$3y^2-4y-4\leqq 0$

$(3y+2)(y-2)\leqq 0$

$-\frac{2}{3}\leqq y\leqq 2$

よって，**最大値 2　最小値 $-\frac{2}{3}$**

(2) **$x+y=k$ とおいて与式に代入し，$x$ か $y$ の2次方程式をつくる。それから実数（実数解）条件をとる。**

$x+y=k$ とおき，$y=k-x$ として

$x^2-xy+y^2=1$ に代入する。

$x^2-x(k-x)+(k-x)^2=1$　より

$3x^2-3kx+k^2-1=0$

$x$ は実数だから

$D=(-3k)^2-4\cdot 3\cdot(k^2-1)\geqq 0$

$-3k^2+12\geqq 0$

$(k+2)(k-2)\leqq 0$ より $-2\leqq k\leqq 2$

よって，**$-2\leqq x+y\leqq 2$**

## 17

**共通解を $\alpha$ とおいて，連立方程式を解く。**

共通解を $x=\alpha$ とおくと

$\alpha^2-3\alpha+k-1=0$　……①

$\alpha^2+(k-2)\alpha-2=0$　……②

①−②より

$-\alpha-k\alpha+k+1=0$

$-\alpha(k+1)+(k+1)=0$

$(k+1)(\alpha-1)=0$

$k=-1$ または $\alpha=1$

$k=-1$ のとき

2つの方程式はどちらも

$x^2-3x-2=0$ となり，2つの共通解をもつから不適。

$\alpha=1$ のとき

①に代入して　$k=3$

このとき，2つの方程式は

$x^2-3x+2=0$ より $(x-1)(x-2)=0$

$x^2+x-2=0$ より $(x-1)(x+2)=0$

となり $x=1$ を解にもつから適する。
よって，$k=3$，共通解は **1**

**18** **$x$ か $y$ を消去して，係数が0になるときと，0にならないときに分ける。**

$ax+2y=a$ ……①
$x+(a+1)y=a+3$ ……②
とする。
①×$(a+1)$−②×2 より

$$\begin{array}{rrl} & a(a+1)x+2(a+1)y & =a(a+1) \\ -) & 2x+2(a+1)y & =2(a+3) \\ \hline & (a^2+a-2)x & =a^2-a-6 \end{array}$$

$(a+2)(a-1)x=(a+2)(a-3)$ ……③

$a\neq-2$，1 のとき

$$x=\frac{a-3}{a-1}$$

このとき，①に代入して

$$\frac{a(a-3)}{a-1}+2y=a$$

$$2y=\frac{a(a-1)-a(a-3)}{a-1}=\frac{2a}{a-1}$$

$$y=\frac{a}{a-1}$$

$a=-2$ のとき，
③より $0\cdot x=0$ だから解はすべての実数で，①，②とも $x-y=1$ となる。
$a=1$ のとき，
③より $0\cdot x=-6$ だから解はない。
よって，

**$a\neq-2$，1 のとき**
**$x=\dfrac{a-3}{a-1}$，$y=\dfrac{a}{a-1}$**
**$a=-2$ のとき**
**$x-y=1$ を満たす $(x, y)$ の組**
**$a=1$ のとき**
**解はない。**

**19** **$x$ の2次式として整理し，まず，$x$ についての判別式をとる。さらに，判別式を $y$ の2次式とみて，再度判別式をとる。**

与式を $x$ について整理して
$x^2+(3y-3)x+2y^2-5y+k=0$
とおき，$x$ についての判別式 $D_1$ をとる。

$D_1=(3y-3)^2-4(2y^2-5y+k)$
$=y^2+2y+9-4k$

さらに，$D_1$ を $y$ の2次式とみて
$D_1=0$ の判別式 $D_2$ をとり

$\dfrac{D_2}{4}=1^2-(9-4k)=0$ とする。

よって，$k=2$
このとき，与式は
$x^2+(3y-3)x+2y^2-5y+2$
$=x^2+(3y-3)x+(2y-1)(y-2)$
$=\boldsymbol{(x+y-2)(x+2y-1)}$

**別解** **数Ⅱで学ぶ恒等式の考えを利用。**

$x^2+3xy+2y^2=(x+y)(x+2y)$ だから
与式 $=(x+y+\alpha)(x+2y+\beta)$
の形に表せる。
与式 $=x^2+3xy+2y^2+(\alpha+\beta)x+(2\alpha+\beta)y+\alpha\beta$
として係数を比較する。
$\alpha+\beta=-3$ ……①
$2\alpha+\beta=-5$ ……②
$\alpha\beta=k$ ……③
①，②を解いて，$\alpha=-2$，$\beta=-1$
③に代入して，$k=2$
このとき
(与式)$=\boldsymbol{(x+y-2)(x+2y-1)}$

**20** **不等式を解いて，解を数直線上に表す。**

$2n^2-9n-5\leqq0$
$(2n+1)(n-5)\leqq0$
$-\dfrac{1}{2}\leqq n\leqq5$

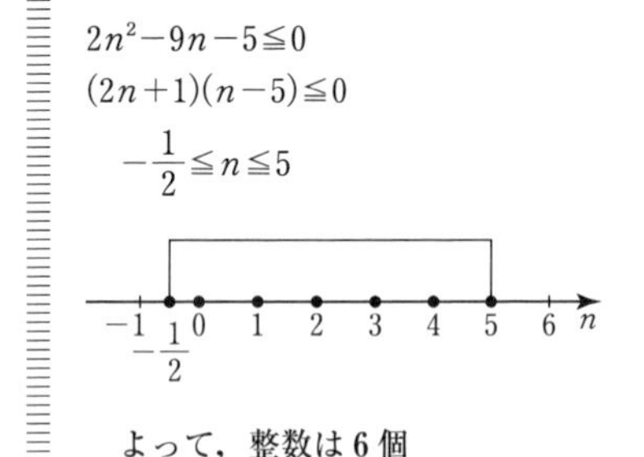


よって，整数は **6** 個

**21** **2つの方程式の判別式をそれぞれ $D_1$，$D_2$ とすると，$D_1\geqq0$ または $D_2\geqq0$ である。**

$x^2+(a+1)x+a^2=0$……①
$x^2+2ax+2a=0$　……②　とする。
①の判別式を $D_1$，②の判別式を $D_2$ とすると実数解をもつ条件は
$D_1=(a+1)^2-4a^2\geqq 0$
$3a^2-2a-1\leqq 0$
$(3a+1)(a-1)\leqq 0$
$-\frac{1}{3}\leqq a\leqq 1$　……①′
$\frac{D_2}{4}=a^2-2a\geqq 0$
$a(a-2)\geqq 0$
$a\leqq 0,\ 2\leqq a$　……②′
①′ または②′ の範囲だから

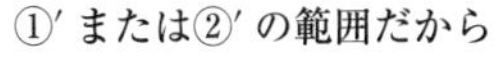
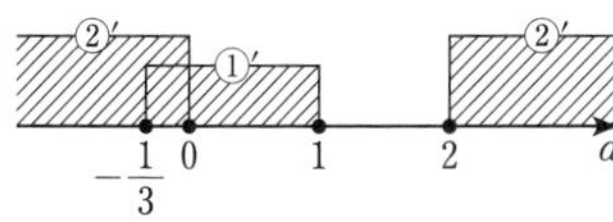


上の図より $\boldsymbol{a\leqq 1,\ 2\leqq a}$

**22** **まず，不等式の左辺を因数分解する。$a$ の値による場合分けが必要。**

$x^2-x+a(1-a)<0$

$$\begin{array}{ll} 1 \diagdown\diagup -a & \cdots\cdots -a \\ 1 \diagup\diagdown -(1-a) & \cdots\cdots -1+a \\ \hline & \quad -1 \end{array}$$

$(x-a)(x-1+a)<0$

$a>1-a$　すなわち　$a>\frac{1}{2}$ のとき
$1-a<x<a$
$a=1-a$　すなわち　$a=\frac{1}{2}$ のとき
$\left(x-\frac{1}{2}\right)^2<0$ となり，解はない
$a<1-a$　すなわち　$a<\frac{1}{2}$ のとき
$a<x<1-a$

よって，$\begin{cases} \boldsymbol{a>\frac{1}{2}} \text{ のとき } \boldsymbol{1-a<x<a} \\ \boldsymbol{a=\frac{1}{2}} \text{ のとき 解はない} \\ \boldsymbol{a<\frac{1}{2}} \text{ のとき } \boldsymbol{a<x<1-a} \end{cases}$

**23** **$2<x<4$ を解にもつ 2 次不等式をつくる。**

$2<x<4$ を解にもつ 2 次不等式は
$(x-2)(x-4)<0$
$x^2-6x+8<0$
両辺を $-3$ 倍して
$-3x^2+18x-24>0$
$\iff ax^2+(3b-a)x-24>0$
だから，係数を比較して
$a=-3,\ 3b-a=18$
よって　$\boldsymbol{a=-3,\ b=5}$

別解　**$y=ax^2+(3b-a)x-24$ のグラフで考える。**

$ax^2+(3b-a)x-24>0$ が
$2<x<4$
の解をもつには右図のように $a<0$ で $x=2$，4 で交わればよい。

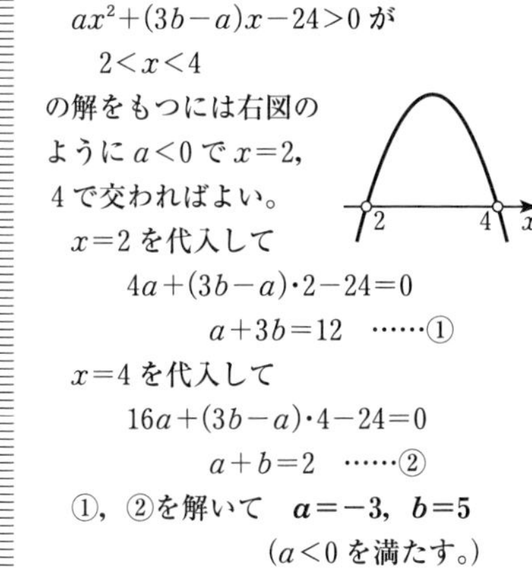


$x=2$ を代入して
$4a+(3b-a)\cdot 2-24=0$
$a+3b=12$　……①
$x=4$ を代入して
$16a+(3b-a)\cdot 4-24=0$
$a+b=2$　……②
①，②を解いて　$\boldsymbol{a=-3,\ b=5}$
（$a<0$ を満たす。）

**24** **②の不等式は $(x+2)(x-a+1)<0$ となるから，$-2$ と $a-1$ の大小で場合分け。**

(1)　$2x^2+x-3>0$
$(2x+3)(x-1)>0$
$\boldsymbol{x<-\frac{3}{2},\ 1<x}$　……①

(2)　$x^2-(a-3)x-2a+2<0$
$x^2-(a-3)x-2(a-1)<0$

$$\begin{array}{ll} 1 \diagdown\diagup 2 & \cdots\cdots 2 \\ 1 \diagup\diagdown -(a-1) & \cdots\cdots -a+1 \\ \hline & \quad -(a-3) \end{array}$$

$(x+2)(x-a+1)<0$
$-2$ と $a-1$ の大小で場合分けをすると
(i)　$a-1>-2$ $(a>-1)$ のとき

$-2<x<a-1$ ……②

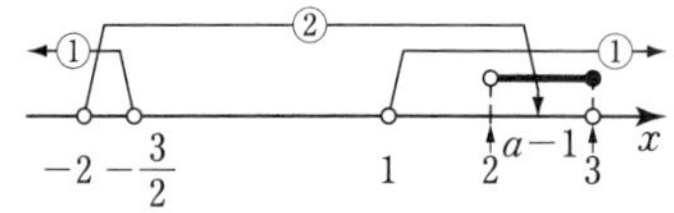


①と②の共通部分の整数が 2 だけを含むようにすればよい。

$2<a-1\leqq 3$ より　$3<a\leqq 4$

(ii)　$a-1<-2$ $(a<-1)$ のとき

$a-1<x<-2$ ……②

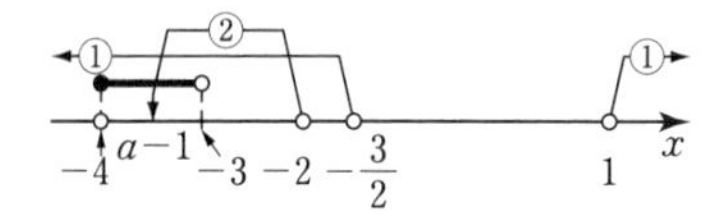


①と②の共通部分の整数が $-3$ だけを含むようにすればよい。

よって，$-4\leqq a-1<-3$ より

$-3\leqq a<-2$

(iii)　$a-1=-2$ $(a=-1)$ のとき

$(x+2)^2<0$ となり，解はない。

よって，(i)，(ii)より

$\boldsymbol{-3\leqq a<-2,\ 3<a\leqq 4}$

(参考)

$x^2-(a-3)x-2a+2$

の因数分解は，次数の低い文字 $a$ でくくって

与式$=-a(x+2)+x^2+3x+2$

$=-a(x+2)+(x+1)(x+2)$

$=(x+2)(x+1-a)$

とすることも有効である。

**25** (1) **$y=x^2-4x+3$ のグラフをかいて，負の部分を $x$ 軸で折り返す。**

$y=|x^2-4x+3|=|(x-2)^2-1|$

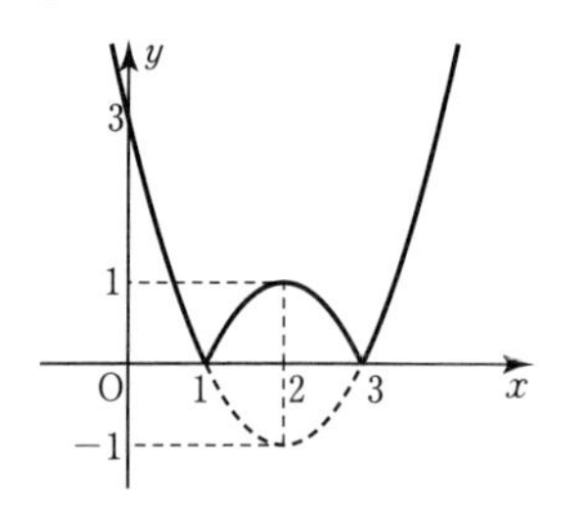


(2) **$x^2-5x+4\geqq 0$ と $x^2-5x+4<0$ で場合分けして絶対値記号をはずす。**

(i)　$x^2-5x+4\geqq 0$ すなわち

$x\leqq 1$，$4\leqq x$ のとき

$y=x^2-5x+4+x+1$

$=(x-2)^2+1$

(ii)　$x^2-5x+4<0$ すなわち

$1<x<4$ のとき

$y=-x^2+5x-4+x+1$

$=-(x-3)^2+6$

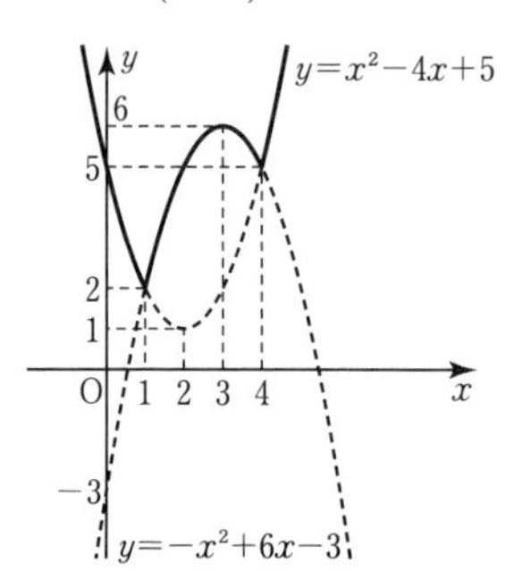


**26** **2つの不等式が成り立つ $k$ の条件を求め，その共通範囲をとる。**

$x^2-3x+k^2>0$ ……①

$-x^2-2kx+k-2<0$ より

$x^2+2kx-k+2>0$ ……②　とする。

①，②がすべての $x$ で成り立つ条件は，$x^2$ の係数が①，②とも 1 で正だから

①について，$D_1=(-3)^2-4k^2<0$……①′

②について，$\dfrac{D_2}{4}=k^2-(-k+2)<0$

……②′

①′ より　$(2k+3)(2k-3)>0$

$k<-\dfrac{3}{2}$，$\dfrac{3}{2}<k$ ……①″

②′ より　$(k+2)(k-1)<0$

$-2<k<1$ ……②″

①″ と②″ の共通範囲だから

$\boldsymbol{-2<k<-\dfrac{3}{2}}$

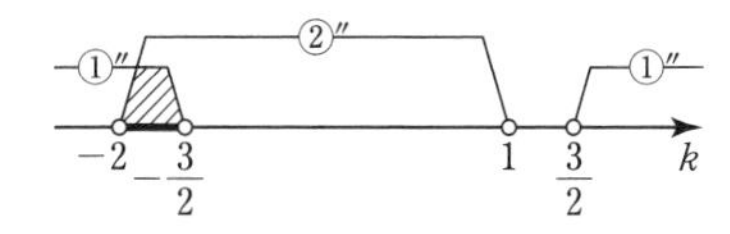


**27** **区間 $0 \leqq x \leqq 2$ における最小値が正となるように考える。**

$f(x)=x^2-4ax+5a$　とおき

　　$=(x-2a)^2-4a^2+5a$　と変形

$y=f(x)$ のグラフの軸は $x=2a$ である。

(i)　$2a<0$ すなわち $a<0$ のとき

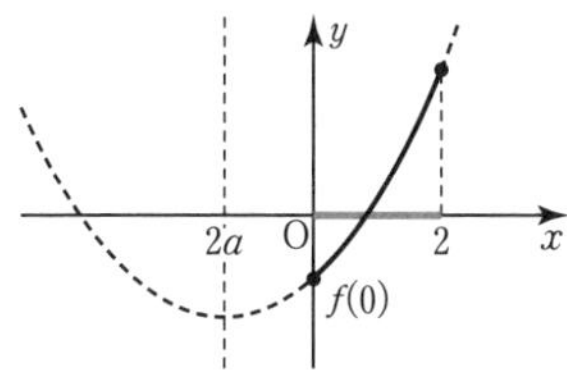


最小値は $f(0)=5a$ だから

$f(0)=5a>0$ ならばよい。

　$a>0$

ただし，$a<0$ だからこれは適さない。

(ii)　$0 \leqq 2a \leqq 2$ すなわち $0 \leqq a \leqq 1$ のとき

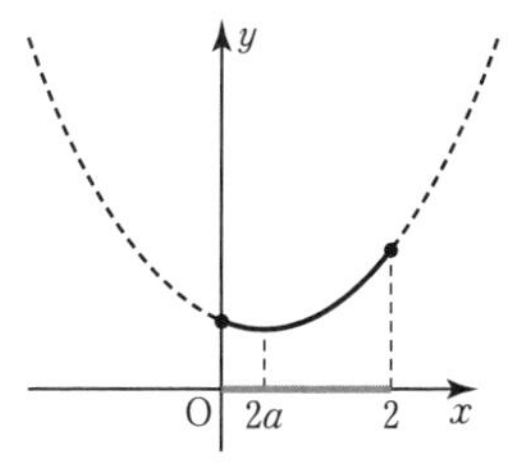


最小値は $f(2a)=-4a^2+5a$ だから

$f(2a)=-4a^2+5a>0$ ならばよい。

　$a(4a-5)<0$

　　$0<a<\frac{5}{4}$

$0 \leqq a \leqq 1$ だから $0<a \leqq 1$

(iii)　$2<2a$ すなわち $1<a$ のとき

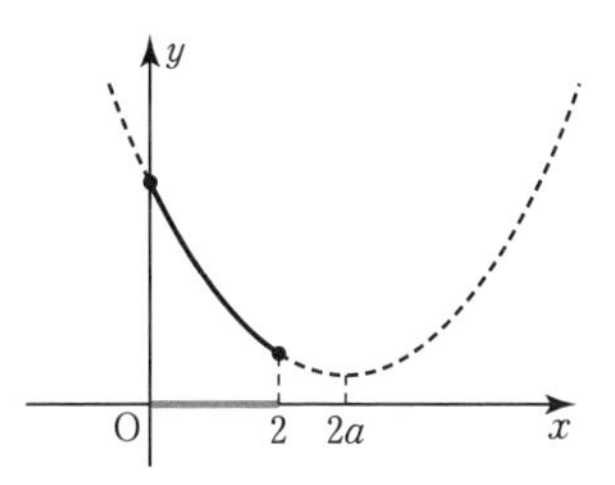


最小値は $f(2)=4-3a$ だから

$f(2)=4-3a>0$ ならばよい。

　$a<\frac{4}{3}$

$a>1$ だから $1<a<\frac{4}{3}$

よって，(i)，(ii)，(iii)より　$\boldsymbol{0<a<\frac{4}{3}}$

**28** **まず，$y=f(x)$ のグラフが $x$ 軸と，どのように交わっているかを考える。**

(1)　$f(x)=x^2+2mx+m+2$ とおくと，

$y=f(x)$ のグラフが右のようになればよいから

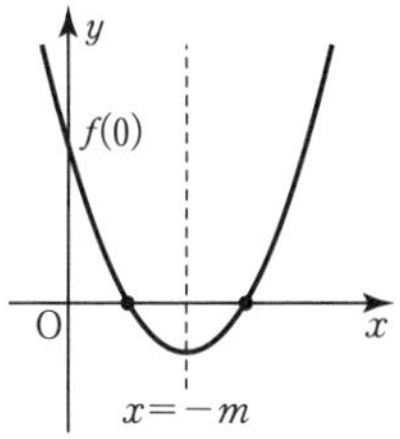

$\frac{D}{4}=m^2-(m+2)>0$

　$(m+1)(m-2)>0$

　　$m<-1,\ 2<m$　……①

軸 $x=-m$ について　$-m>0$

　$m<0$　……②

$f(0)=m+2>0$

　$m>-2$　……③

①，②，③の共通範囲だから

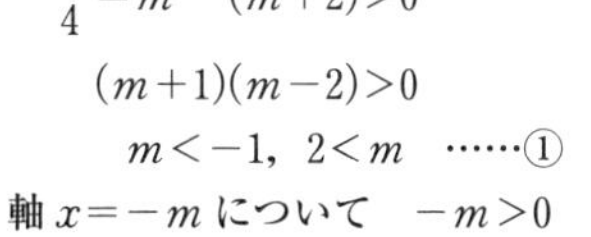

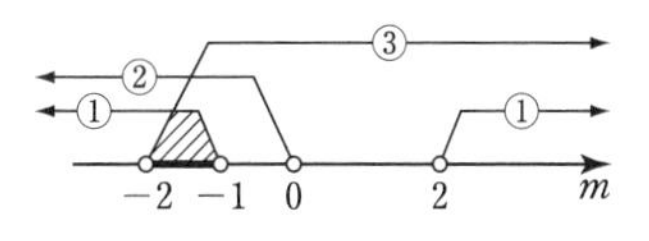


$\boldsymbol{-2<m<-1}$

(2)　$f(x)=x^2+ax+a$ とおくと

$y=f(x)$ のグラフが右のようになればよいから

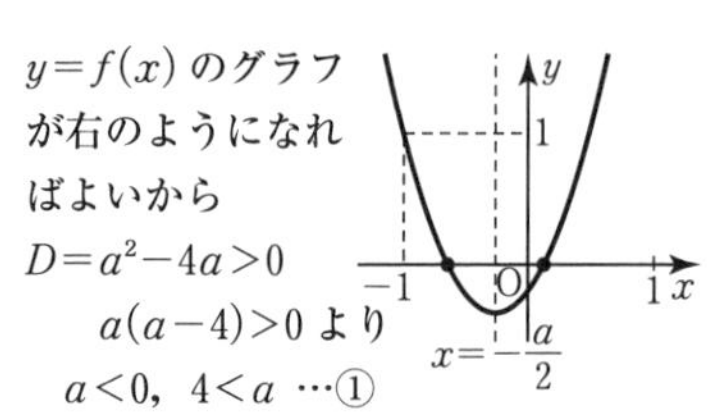


$D=a^2-4a>0$

$a(a-4)>0$ より

$a<0,\ 4<a$ …①

軸 $x=-\frac{a}{2}$ について

$-1<-\frac{a}{2}<1$ より $-2<a<2$ …②

$f(-1)=1>0$ （$a$ の値に関係なく成り立つ。）

$f(1)=2a+1>0$ より $a>-\frac{1}{2}$ …③

①，②，③の共通範囲だから

$\boldsymbol{-\frac{1}{2}<a<0}$

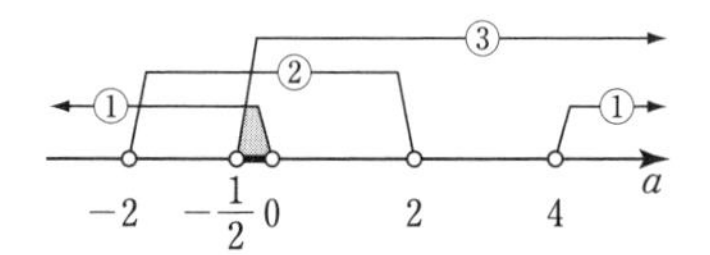


**29** 場合分けをし，絶対値記号をはずして解く。

(1) $x^2+2|x-1|-5=0$

(i) $x\geqq1$ のとき

$x^2+2(x-1)-5=0$

$x^2+2x-7=0$

$x=-1\pm2\sqrt{2}$

$x\geqq1$ より $x=-1+2\sqrt{2}$

(ii) $x<1$ のとき

$x^2-2(x-1)-5=0$

$x^2-2x-3=0$

$(x-3)(x+1)=0$

$x=3,\ -1$

$x<1$ より $x=-1$

よって，(i)，(ii)より

$\boldsymbol{x=-1,\ -1+2\sqrt{2}}$

(2) $2|x-2|+|x-1|<3$

(i) $x\geqq2$ のとき

$2(x-2)+(x-1)<3$

$3x<8,\quad x<\frac{8}{3}$

$x\geqq2$ より $2\leqq x<\frac{8}{3}$ ……①

(ii) $1\leqq x<2$ のとき

$-2(x-2)+(x-1)<3$

$-x<0,\quad x>0$

したがって，$1\leqq x<2$ ……②

(iii) $x<1$ のとき

$-2(x-2)-(x-1)<3$

$-3x<-2,\quad x>\frac{2}{3}$

$x<1$ より $\frac{2}{3}<x<1$ ……③

よって，①，②，③より

$\boldsymbol{\frac{2}{3}<x<\frac{8}{3}}$

(3) $|x^2-2x-15|\leqq x+3$

$|(x-5)(x+3)|\leqq x+3$

(i) $x\leqq-3,\ 5\leqq x$ ……①のとき

$x^2-2x-15\leqq x+3$

$x^2-3x-18\leqq0$

$(x-6)(x+3)\leqq0$

$-3\leqq x\leqq6$

①との共通範囲は

$x=-3,\ 5\leqq x\leqq6$ ……①′

(ii) $-3<x<5$ ……②のとき

$-(x^2-2x-15)\leqq x+3$

$x^2-x-12\geqq0$

$(x+3)(x-4)\geqq0$

$x\leqq-3,\ 4\leqq x$

②との共通範囲は

$4\leqq x<5$ ……②′

①′ または ②′ だから

$\boldsymbol{x=-3,\ 4\leqq x\leqq6}$

別解 $|x|<r\ (r>0)\iff -r<x<r$ を利用する。

$x\geqq-3$ のとき

$-x-3\leqq x^2-2x-15\leqq x+3$

$-x-3\leqq x^2-2x-15$ ……①

$x^2-2x-15\leqq x+3$ ……②

①より $(x-4)(x+3)\geqq0$

$x\geqq-3$ だから

$x=-3,\ 4\leqq x$